JN277553

知識ゼロでもわかる統計学

本当に使えるようになる

多変量解析超入門

加藤 剛［著］

技術評論社

読者の皆様へ（Rのインストールのお願い）

1. 本書では、Rとよばれる無料の統計ソフトウェア、特に、原則としてマウスクリックだけで操作できるRコマンダーというRのオプション機能を利用して、世の中に実際あるデータの分析をしながら多変量解析の基礎を学んでいきます。そのため、皆様にはインターネット上からRをダウンロードし、ご自身のパソコンにインストールしていただく必要があります。インターネットに接続できるパソコンをご用意ください。

2. Rのダウンロード方法、および、RとRコマンダーのインストール方法は、本書のサポートページに詳しい説明書が用意されています。次のようにして、本書のサポートページにアクセスしてください。

   > (1) Yahoo やGoogle など、普段お使いの検索用ホームページを開いて、次の2つの語句を組にして検索を行ってください。
   > 　　　　　**技術評論社　サポートページ　多変量解析超入門**
   > (2) 検索結果の上位（検索結果の1ページ目）に、次のような表現のリンクが見つかります。
   > **サポートページ書籍サポート：本当に使えるようになる多変量解析超入門**
   > このリンクをクリックすると、次のページにある図の表示を含むウェブサイトにつながります。これが、技術評論社のホームページの中に設けられた本書のサポートページです。
   > 【注意】次のページにある図はサポートページの試行版です。みなさんがご覧になるときは、デザインが若干変更されているかもしれません。

3. まず、Web版付録の「1. Rのダウンロードとインストール」にある3つのOSの選択肢から、ご使用になっているOSの上をクリックしてください（Windows 7または Windows Vista, Windows 8, Windows XP）。それぞれのOSのもとでのRのダウンロード方法を記した説明書（Web版付録1）が、閲覧およびダウンロードできます。その説明にしたがって、Rをダウンロードし、ご自身のパソコンにインストールしてください。

【参考】Rには、Windows版に加えて、Mac OS版とLinux版もあります。Mac OSやLinuxをお使いの方はコンピュータについてある程度の知識をお持ちだと思いますので、「Windows 7またはWindows Vista」の説明を参考にして、Rのダウンロードとインストールを行ってください。

4. Rのインストールが終了したら、サポートページのWeb版付録「2. Rコマンダーのインストール」の上をクリックしてください。RにRコマンダーという機能（オプション・パッケージ）を追加する方法を記した説明書（Web版付録2）が、閲覧およびダウンロードできます。その説明にしたがって、R上にRコマンダーの機能を組み込んでください。

5. RおよびRコマンダーの起動方法と終了方法についての説明書（Web版付録3）は、サポートページのWeb版付録「3. Rコマンダーの起動と終了」の上をクリックすると、閲覧およびダウンロードできます。

本書のサポートページ

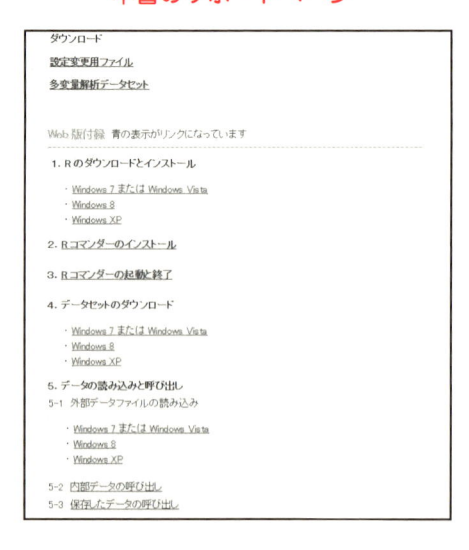

```
ダウンロード
  設定変更用ファイル
  多変量解析データセット

Web版付録　青の表示がリンクになっています
  1. Rのダウンロードとインストール
    ・Windows 7または Windows Vista
    ・Windows 8
    ・Windows XP
  2. Rコマンダーのインストール
  3. Rコマンダーの起動と終了
  4. データセットのダウンロード
    ・Windows 7または Windows Vista
    ・Windows 8
    ・Windows XP
  5. データの読み込みと呼び出し
  5-1 外部データファイルの読み込み
    ・Windows 7または Windows Vista
    ・Windows 8
    ・Windows XP
  5-2 内部データの呼び出し
  5-3 保存したデータの呼び出し
```

はじめに

　本書の目的は、心理、金融、経営、医療など、実社会の幅広い分野で利用されている多変量解析の初等的な方法の一部を、**現実にあるデータの分析を実習形式で行いながら**読者のみなさんに学んでいただくことにあります。

　多変量解析の各種の分析方法は多くのデータ解析用ソフトウェアに組み込まれ、データを処理して何らかの結果を出すことは、かなり容易になりました。けれども、分析方法の仕組みに立ち入ると、途端に敷居が高くなります。理由は、線形代数、特に行列の性質が活用されていることにあります。線形代数を学ぶ機会をもたない、あるいは、もたなかった方々に対し、多変量解析のために行列の理論を一から学んでくださいと言うことは、正論ではあっても、現実問題としては酷なことです。

　そこで、本書では、マウスクリックだけでほぼすべての操作ができるソフトウェアの助けを借りて、出力される図や数字の情報を極力活用し、分析方法の概略を**数学に頼らないで説明する**ことを意図しています。厳密な理論はひとまず脇においたとしても、何回か反復練習を行うことによって、「この分析方法でしていることは、およそこんな感じ」という感覚をつかむことができれば、分析方法に対する理解度や分析結果の解釈の仕方は変わってきます。読者の皆様にとって、本書が多変量解析のからくりを直感的に理解する一助になれば幸いです。

　最後に、遅筆を重ねる筆者の入稿を辛抱強く待ち、的確な修正意見をくださった技術評論社の成田恭実さんに、厚く御礼申し上げます。また、本書と同じシリーズの著者である一橋大学大学院の横内大介先生と帝京大学の実吉綾子先生からは、ファイナンスと心理学のそれぞれの分野における多変量解析の実例の提供をいただきました。多変量解析の具体例についてのコラムを本書に付け加えることができたのは、両先生のおかげです。心より感謝申し上げます。

2013年4月

　　　　　　　　　　　　　　　　　　　　　　加藤　剛（かとう　たけし）

知識ゼロでもわかる統計学
『本当に使えるようになる多変量解析入門』
目　次

読者の皆様へ　3

はじめに　5

キャラクター紹介　8

第1章
似たもの同士でデータを分類　9

- **1-1** クラスタ分析　10
- **1-2** 樹形図ができるまで　45
- **1-3** 数字で見るクラスタ分析　64

第2章
視点を変えてデータを観察　77

- **2-1** 3次元散布図　78

- **2-2** 主成分分析　89
- **2-3** 主成分分析の仕組み　112

第3章 原因と結果の関係を簡潔に表現　135

- **3-1** 相関関係と因果関係　136
- **3-2** 線形単回帰分析　143
- **3-3** 線形重回帰分析　167
- **3-4** モデルのあてはめ　218

付録1　データセットのダウンロード　225

付録2　外部データの取り込み方　229

付録3　内部データの呼び出し方　231

付録4　n個の変数を使った主成分分析の理論的背景　232

参考文献　236

索引　237

著者プロフィール　239

キャラクター紹介

アリマ先生
アルマジロ。哺乳類。
統計学のことならなんでも知っていて、統計学の生き字引と言われている。
データを変幻自在に操り、統計学の質問にならなんでもこたえてくれるので、慕われている。
ときどきおっちょこちょいなところも見せる。

ねこすけ
ねこ。
最近新聞やテレビを見るようになり、数字、データ、統計に関心を持ち始め、いろいろなことに興味津々。
アリマ先生を慕い、弟子入りする。

アーミー
ミーアキャット。
ねこすけの友達。ねこすけに連れられ、アリマ先生のところに顔を出すもののいまいち統計にはなじめることができていない。しばらく長旅に出ていたようで、今回身なりも言葉づかいもすっかりかわって登場。いったい何があったか!?

第 1 章

似たもの同士で データを分類

- **1-1** クラスタ分析と樹形図
- **1-2** 樹形図ができるまで
- **1-3** 数字で見るクラスタ分析

1-1 クラスタ分析

昔の日本の数え方で、「ひい、ふう、みい、…」というものがあります。この数え方には、11以上がないそうです。一説によれば、11以上は「たくさん」であって、頭の中で整理がつく数ではなくなるからだとか。データの分析でも同じようなことがあり、変数が多い多変量データを手にすると、どこから手をつけてよいか戸惑ってしまいます。このようなときは、似たもの同士のデータを寄せ集め、「ひい、ふう、みい、…」と数えられるくらいにグループ分けをすると、データの特徴が見えてくることがあります。

> 数えてみよう。
> ひい、ふう、みい、……

❶ 多変数のデータも1変数から

「ねこすけ。間に合ったか。よかった、よかった」

「滑り込みセーフというところでしょうか。『統計処理超入門』を終えたときは、『楽勝だ！』と思っていました。けれども、あれから金融のデータを観察することになって、それから心理学のイロハも学ぶことが決まって…。猫の手も借りたいくらいです」

「猫でも『猫の手も借りたい』と言うのか。おもしろいな」

1-1 クラスタ分析

「それで、今回は何をするのですか？」

「うむ。『統計処理超入門』で2変数までの観察を学んだ。そこで、今度はもう一歩進んで、3変数以上の多変量データを扱う方法を勉強しようと思うのだ。ときに、ねこすけ。朝ご飯はきちんと食べてきたか？」

「はい。今朝のご飯は、大好きなマグロ入りのキャットフードでした」

「相変わらず、朝からいいものを食べている。『統計処理超入門』で、きちんとした食生活を考えてキャットフードのデータを観察したのに…。よし、もう一度キャットフードのデータを扱うことにしよう」

操作1-1　ウェットタイプキャットフードデータの取り込み

1. Windowsの左下にある「スタート」をクリックし、「すべてのプログラム」→「アクセサリ」→「ワードパッド」と進み、簡易ワープロソフトのワードパッドを起動する。

2. 操作説明図1-1にあるように、ワードパッドの左上にある下向き矢印のついている青いタブをクリックし、表示される選択肢から「開く」を選ぶ。"開く"という名前のついたウィンドウが開く。

操作説明図1-1

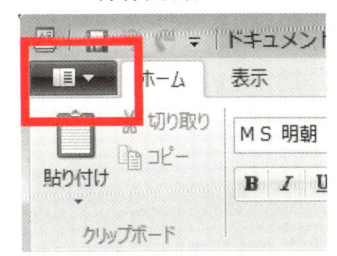

【注意】Windows 8 と Windows XP の場合は、操作が異なる。Web 版付録 5「5-1 外部データファイルの読み込み」を参照。

3. 本書末尾に添付の付録 1 で作成した「多変量解析データセット」のフォルダを指定して開き、その中にある"キャットフード（ウェットタイプ）"のデータファイルをダブルクリックする。ファイルの内容が表示される。

4. 操作説明図 1-2 にあるように、ワードパッドのウィンドウの右上にある「すべて選択」をクリックして、データすべてを反転表示させる。

操作説明図 1-2

5. 反転表示させたデータの上でマウスを右クリックし、コピーを選ぶ。

6. Web 版付録 3「R コマンダーの起動と終了」の手順にしたがって、R コマンダーを起動する。

操作説明図 1-3

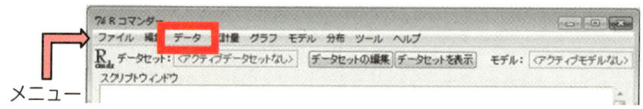

7. R コマンダーのウィンドウを表示した操作説明図 1-3 において、上部にあるメニュー（ファイル、編集、データ、…、ヘルプと表示されている行）から「データ」を選び、表示される選択肢の中から「データのインポート」→「テキストファイル、クリップボード、または URL から…」と進む。操作説明図 1-4 のウィンドウが表示される。

1-1　クラスタ分析

8. 操作説明図1-4のウィンドウで、「データセット名を入力：」の箇所にCatfood01と入力し、**データファイルの場所**では"クリップボード"に印をつけ、他は変更をせずに左下の OK をクリックする。

操作説明図1-4

9. 操作説明図1-5のように、Rコマンダーのウィンドウのメニューの下にある「データセット：」の欄にCatfood01と表示されれば取り込みは成功。
　また、Rコマンダーのウィンドウ上部にある データセットを表示 ボタンをクリックすると、データを表示したウィンドウが表示される。そのウィンドウを見て、データがきちんと取り込めていることを確認する。

操作説明図1-5

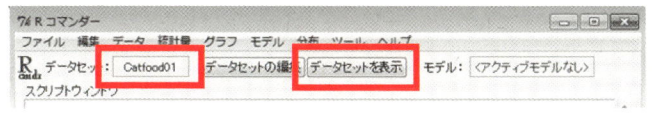

データ出典：ロイヤルカナン ジャポン合同会社
www.royalcanin.co.jp/breeder/pdf/productbook_breed_cat.pdf

　操作1-1を完了すると、表1-1のデータが取り込まれます。このデータは、あるペットフード会社が販売している、ウェットタイプのキャットフードの成分表です。ウェットタイプとは、水分含有量が75％程度のものを指します。

表1-1 ウェットタイプキャットフードの成分表

商品名	対象	タンパク質	…	タウリン
ベビーキャット	離乳期の子猫	8.5	…	0.120
キトン・インスティクティブ	子猫	10.0	…	
⋮	⋮	⋮	⋮	⋮
エイジング+12	老齢猫	8.0		0.125

表1-2 成分表の計測単位

"%以上" であるもの
タンパク質、脂質、カルシウム、リン
"%以下" であるもの
粗灰分、粗繊維、水分
"%" であるもの
オメガ6系不飽和脂肪酸、オメガ3系不飽和脂肪酸、EPA+DHA、アラキドン酸、デンプン、食物繊維、リノール酸、マグネシウム、カリウム、ナトリウム、塩素、タウリン
"mg/kg" であるもの
亜鉛、マンガン、ヨウ素、セレン、鉄、銅、ビタミンE、ビタミンC、ビタミンB1、ビタミンB2、パントテン酸カルシウム、ビタミンB6、ビタミンB12、ナイアシン、ビオチン、葉酸、コリン、ポリフェノール、ルテイン、L-カルニチン、コンドロイチン硫酸+グルコサミン
"IU/kg" であるもの
ビタミンA、ビタミンD3
"kcal/kg" であるもの
代謝エネルギー〈NRC85〉、代謝エネルギー〈ロイヤルカナン実測値〉
単位なし
尿pH

【注意】表1-2には、Catfood01には含まれておらず、後で使うデータに含まれているものも便宜上記載してあります。

「このデータ、以前、姉妹編の『統計処理超入門』で扱いませんでしたか？　僕の友達が肥満だとか糖尿病だとか話したときに出てきました。確か、キャットフードの成分を表す2変数ごとの相関関係を調べたはずです。例えば、次のようなことがわかりました」

- 脂質と食物繊維は強い負の相関
  ⇒ 脂質が多いキャットフードは、食物繊維の量が少ない
- タウリンと亜鉛は無相関
  ⇒ キャットフードでタウリンが含まれる量と亜鉛が含まれる量は、お互いに関係がない
- マンガンと亜鉛は強い正の相関
  ⇒ マンガンが多く含まれるキャットフードは、亜鉛が含まれる量も多い

「そのとおり。しかし、今回扱うデータには新製品も加えられていて、内容が更新されている。そして、この節の目的をわかりやすくするために、あえて商品数が7に限られているデータを選んだ。商品数は7だが、記録されているのは43項目。つまり、43変数の多変量データなのだ」

「先生、思い出しました。多変量データの場合、面倒に感じても、最初は1変数ずつきちんと観察を行うのでした」

「よく覚えていた。大事なことだから、復習しておこう」

> **復習**
>
> 多変量データを扱うときは、1変数ずつ次の作業を行って、データの特徴をつかんでおく
> (1) ヒストグラム、箱ひげ図、平均のプロットなどの図を描いて観察し、データの大まかな特徴をつかむ
> (2) 平均や中央値を求め、データ全体を代表する値を数字で確かめる
> (3) 標準偏差や四分位値を求め、データのばらつき具合を数字で確認する
> そして、次のことを調べておけばよい。
> ● データの分布の形はどのようなものか
> ● データ全体を代表する値は、平均か、それとも中央値か
> ● ばらつき具合はどの程度か
> ● 大きな外れ値がないか
> ● ある文字型変数によってデータがいくつかのグループに分けられるとき、グループ分けをして描いた箱ひげ図や平均のプロットからわかることは何か
> …などなど
>
> 姉妹編「統計処理超入門」第3章3-1節より

「本当は全部の変数について調べるのだが、ページ数が限られているから、ここではカルシウムとタンパク質についてだけ調べておこう」

1-1 クラスタ分析

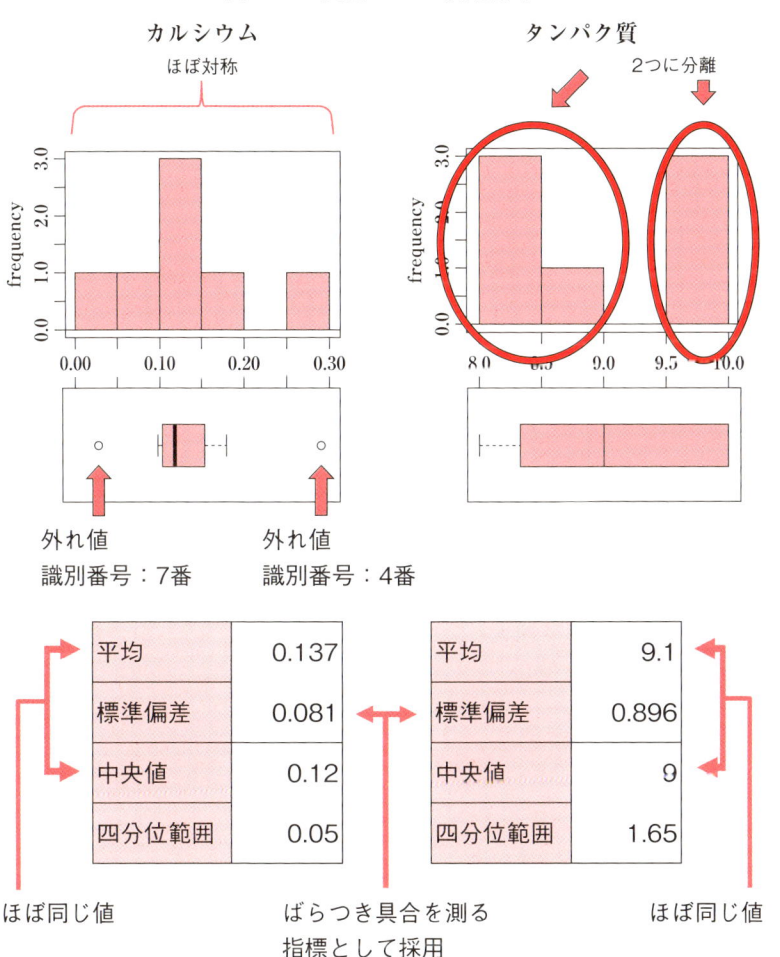

図1-1 1変数ごとの観察結果

カルシウム
ほぼ対称

タンパク質
2つに分離

外れ値
識別番号：7番

外れ値
識別番号：4番

平均	0.137
標準偏差	0.081
中央値	0.12
四分位範囲	0.05

平均	9.1
標準偏差	0.896
中央値	9
四分位範囲	1.65

ほぼ同じ値

ばらつき具合を測る指標として採用

ほぼ同じ値

「カルシウムとタンパク質の観察結果は、次のようにまとめられます」

似たもの同士でデータを分類

■ カルシウム
- ヒストグラムの山が1つで、ほぼ左右対称
- 下側と上側の両方に外れ値があって、識別番号は7番と4番。データセットを表示して調べると、それぞれ老齢猫用と体調管理が難しい猫用の製品
- 平均と中央値はあまり変わらないので、データ全体を代表する値としては平均の0.137を採用。したがって、ばらつき具合を測る指標は、標準偏差の0.081

■ タンパク質
- ヒストグラムが2つに分離している。したがって、箱ひげ図の箱も長くなっている
- 平均と中央値はあまり変わらないので、データ全体を代表する値としては平均の9.1を採用。そこで、ばらつき具合を測る指標は、標準偏差の0.896

「散布図や相関係数についても学んだから、それらについても調べておくとよいだろう。相関関係は、多変量データを分析するときに、基本となる道具だ」

「43変数すべての組み合わせについての散布図行列をここに表示することはできないので、1変数の観察に使った変数に脂質を加えた3変数について、散布図行列を描きます。対応する相関係数行列も求めます」

図1-2　3変数の相関関係

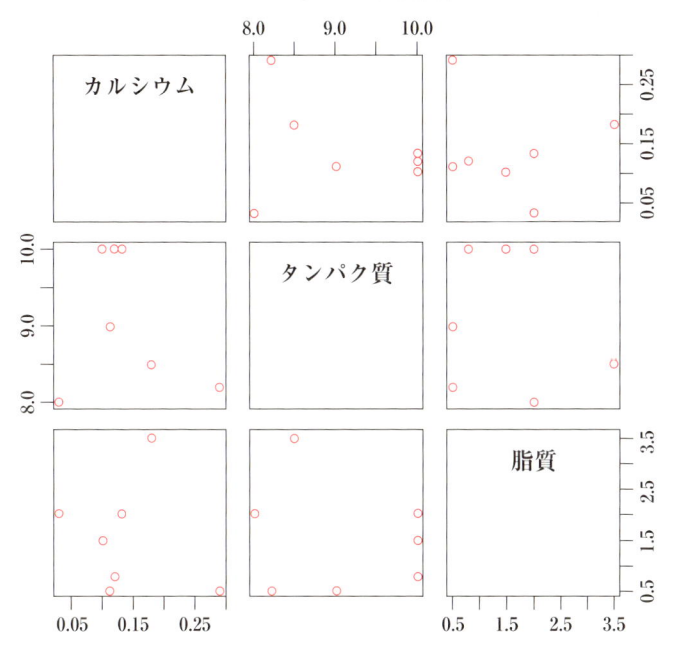

	カルシウム	タンパク質	脂質
カルシウム	1	−0.23	−0.16
タンパク質	＊	1	−0.16
脂質	＊	＊	1

「データ数が7個しかないから、少し寂しい散布図だ」

「相関係数行列を見ると、カルシウムと脂質、タンパク質と脂質は無相関です。カルシウムとタンパク質だけ、弱い負の相関があります。散布図も、これらの相関係数の値に合致したものになっています」

「1変数ごとの観察と2変数の相関関係の観察はここで手じまいにして、この章の本題に進もう」

> **興味のある方へ**
>
> 1変数ごとの観察の方法、2変数の間の相関関係の観察方法について詳しく知りたい方は、姉妹編の次の本をご覧ください。
>
> 姉妹編第5分冊『統計処理超入門』、加藤剛、技術評論社、2012
>
> この本と同じRコマンダーを使った図1-1のようなヒストグラムや箱ひげ図、図1-2のような散布図行列の描き方、および、平均、中央値、相関係数などのデータを観察するときに必要な数字の情報を求める方法が載っています。また、図の観察方法や数字の情報の解釈の仕方についての説明も、知識ゼロから学習を始めることを前提にして書かれています。

❷ クラスタ分析

「相関の次は、どのように調べていきますか？」

「相関関係を見て製品の特徴がわかるときもある。例えば、次のようなことが言えるだろう」

- 脂質と食物繊維に強い負の相関がある
  ⇒ 肥満に配慮した製品がそろっている
- 亜鉛とマンガンに強い正の相関がある
  ⇒ ミネラル分を考慮した製品構成になっている

「相関関係があったとしても弱いものであったり、あるいは無相関であったりしたら、製品の特徴をつかむのは難しくなります」

「そうなのだ。相関関係を調べるだけでどのような多変量データであるかがある程度見えてくれば楽なのだが、現実はなかなかそうもいかん。相関関係は、あくまでも2変数の間に直線の関係があるかどうかを調べる物差だからな。限界もある」

「何かいい方法があるのですか？」

「相関関係を調べるだけでは特徴が見えてこない多変量データについては、似たもの同士のデータを寄せ集めて、グループ分けをしてみるのが一つの手だ。例えば、猫も毛の色で分類することがあるだろう。白猫、黒猫、三毛猫、とら猫、さば猫、…。猫の性格を毛の色で大まかに説明できるという人もいるらしい」

「えっ、本当ですか？　初耳です」

「帰りがけに本屋でめくった猫の雑誌に書いてあった。おっと、それは余談。多変量データに対しては、クラスタ分析というものを行うと、似たもの同士をひとかたまりにしたグループ分けがで

きる。得られたグループを使って、次のように多変量データのおよその姿をつかむのだ」

ポイント

1. クラスタ分析を行って、似たもの同士のデータをひとかたまりにしたグループ分けをする
2. 得られたグループについて、それぞれの特徴を見つけ出す
3. どのような特徴を持ったグループから構成されているかを手がかりにして、多変量データのおおまかな全体像をつかむ

「似たもの同士のグループに多変量データを小分けすると、それぞれのグループの特徴は見つけやすくなる。そこで、似たもの同士で小分けしたグループそれぞれの特徴から、多変量データのおよその姿をつかもうというのがクラスタ分析の目的だ。したがって、クラスタ分析は、1変数ごとの観察や2変数の相関関係を調べた後、多変量データを丸ごと分析するときに最初に使われることが多い。実際にどのようなものか、Catfood01のデータでやってみよう」

操作1-2 クラスタ分析による樹形図の描き方

1. メニューで、「統計量」→「次元解析」→「クラスタ分析」→「階層的クラスタ分析」と進む。操作説明図1-1の"階層的クラスタリング"というウィンドウが開く。

操作説明図1-6

2. "階層的クラスタリング"のウィンドウで、「クラスタリング法：」の欄をCat.1に書き換え、**クラスタリングの方法**で"完全連結法（最長距離法）"、**距離の測度**で"ユークリッド距離"に印をつけ、"デンドログラムを描く"にチェックマークが入っていることを確認する。**変数（1つ以上選択）**では、"カルシウム"、"タンパク質"、"脂質"の3変数を選ぶことにする。Ctrlキーを押しながら、これらの変数をクリックして反転表示させる。以上の設定が完了したら、左下のOKをクリックする。

【参考】操作1-2の第2項目で、「クラスタリング法：」のところにCat.1と入力しました。この欄に入力したものが、分析結果の名前になります。

操作1-2を行うと、図1-3の図が描けます。この図のことを、**樹形図（デンドログラム）**といいます。木をさかさまにしたと見立てて、一番上が根になり、線が枝、番号がついている部分が葉になります。番号は、Rコマンダーのウィンドウでデータセットを表示をクリックすると表示されるウィンドウの左端についているデータの識別番号です。

多変量データで数値型変数を指定して図1-3のような樹形図を描くことを、**クラスタ分析**といいます。

図はどこに？

Rコマンダーで描く図は、すべてRguiというウィンドウの中にR Graphicsというウィンドウが開かれて描かれます。描いたはずの図が見当たらないときは、Rguiというウィンドウを探してください。

図1-3　クラスタ分析による樹形図と各部分の名前

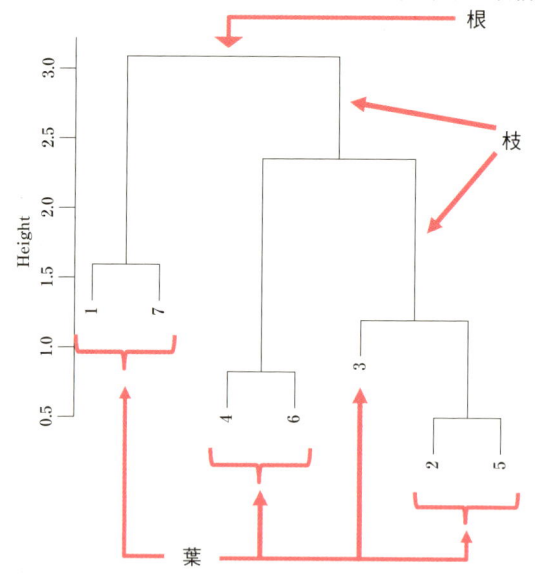

（根、枝、葉）

「運動の競技会の組み合わせ抽選会でよく見るような図です。これが似たもの同士のグループ分けなのですか？」

「そう。同じ枝についているか、それとも根に近い部分で分かれてしまっているかで、似たもの同士であるかどうかを判断する。図1-4のようにくくるとわかりやすい」

1-1 クラスタ分析

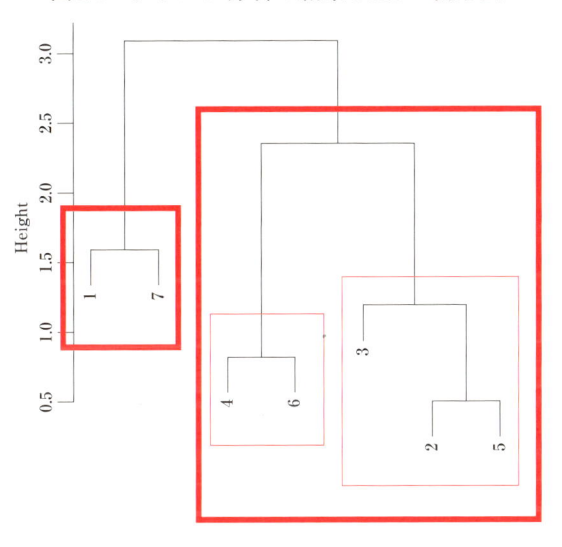

図1-4 クラスタ分析の結果Cat.1の樹形図

図1-4は、次のように解釈します。

- {1, 7} と {4, 6, 3, 2, 5} は、最初に枝分かれをしている
  ⇒ {1, 7} は互いに似たもの同士の1つのグループで、{4, 6, 3, 2, 5} も互いに似たもの同士の1つのグループ

- もう少し細かく見ると、{4, 6, 3, 2, 5} のグループは、{4, 6} のグループと {3, 2, 5} のグループに枝分かれしている
  ⇒ {4, 6, 3, 2, 5} のグループの中でも、{4, 6} と {3, 2, 5} は、さらによく似たもの同士を集めたグループ

クラスタ分析では、近い枝についている葉が作るグループのことを、**クラスタ**（集合、房、塊）とよびます。よい例ではありませんが、無差別殺戮兵器の1つである「クラスタ爆弾」のクラスタと同じです。

Catfood01の多変量データに関して、カルシウム、タンパク質、脂質の3つの変数を用いると、図1-4から次のことが言えます。

- 粗く見るならば、識別番号について、{1, 7} と {4, 6, 3, 2, 5} の2つのクラスタに分類できる
- より細かく見るならば、{1, 7}、{4, 6}、{3, 2, 5} の3つのクラスタに分類できる

「理屈はさておいて、葉の近さで似たもの同士かどうかが判断できるので、直感的にわかりやすいです。同じクラスタを作る理由の説明はできるのですか？」

「それは、分類の結果を見て判断しなければならない。その作業がしやすいように、この例では7商品だけのデータを選んだ。それぞれのクラスタを構成する商品がどのようなものかを見てみよう。"対象"の変数が役に立つと思う」

データの識別番号で"対象"の変数が何であるかを確認すると、細かく見た場合は、次のようになります。
- {1, 7} ⇔ {離乳期の子猫, 老齢猫}
- {4, 6} ⇔ {体調管理が難しい猫, 高齢猫}
- {3, 2, 5} ⇔ {健康的な成猫, 子猫, 美しさを保ちたい猫}

「この結果を見て、各クラスタは、それぞれどのような特徴をもっていると考えられる？」

「えーと、あまり気にせずにキャットフードを食べていましたから難しいけれど、次のように考えることができるのではないでしょうか」

- 離乳期の子猫と老齢猫用は、胃や腸があまり強くないはず。そこで、

1と7は消化吸収が早い製品
- 4と6は、1と7ほどではないにしても、体調が万全ではない猫用に、胃や腸にあまり負担をかけない製品
- 3, 2, 5は、健康的な猫や育ち盛りの猫用に栄養配分が考えられた製品

「本当のところは製品を開発した人に聞いてみなければわからないが、解釈の一例にはなるだろう」

> **ポイント**
> - クラスタ分析を行って樹形図が得られたら、近い葉のデータをひとまとめにしてクラスタを作る
> - クラスタを構成するデータに共通する性質や特徴を見つけ出し、それぞれのクラスタについて解釈を与える

「クラスタ分析をして作られる各クラスタは、いつでもこのように特徴を見つけることができるのですか？」

「そうだと言えないところが残念だ。図1-4の例では、商品数が7であり、しかも鍵になる"対象"の変数がついていたので、各クラスタの特徴をうまい具合に与えることができたと言える。それに、クラスタ分析の結果は、どの変数を使うかにもよる。図1-4を描くためにカルシウム、タンパク質、脂質の3変数を使ったが、他の変数の組み合わせではどうなるかを調べてみよう」

実習1-1

カルシウム、タンパク質、脂質の組み合わせ以外の変数の組をCatfood01のデータから選び、操作1-2の手順にしたがってクラスタ分析を実行し、樹形図を描いてください。「クラスタリングの方法：」

のところには、Cat.11と入力してください。
　変数は3つである必要はありません。そして、得られた樹形図からどのようなクラスタが作られるかを読み取り、それぞれのクラスタの特徴をどのように説明できるかを検討してください。

「例えば、タウリンと食物繊維の2変数を使って実習1-1を行ってみたら、図1-5の樹形図が得られました。クラスタは2つです」

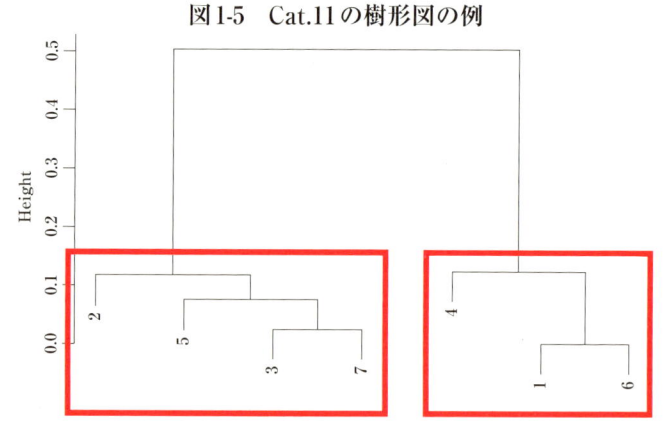

図1-5　Cat.11の樹形図の例

クラスタの番号は、近いものから順に並べています。
- 左側のクラスタ＝｛3, 7, 5, 2｝
　　　⇒　｛健康的な成猫, 老齢猫, 美しさを保ちたい猫, 子猫｝が対象
- 右側のクラスタ＝｛1, 6, 4｝
　　　⇒　｛離乳期の子猫, 高齢猫, 体調管理が難しい猫｝が対象

「それぞれのクラスタの特徴は何だろう？」

> 「"対象"の変数をもとにして考えると、老齢猫と高齢猫の扱いがうまくいかないのですが、大まかに言って、次のような特徴があると思います」

- 左側のクラスタは、健康で活発に動き回る猫が対象の製品
- 右側のクラスタは、生まれて間もないか、あるいは健康に少し不安があって、活発に動き回ることが難しい猫が対象の製品

> 「変数は、タウリンと食物繊維か…」

> 「タウリンは疲れたときにとるもので、食物繊維は消化器官を掃除する役割があります。いずれも体調管理に関わります。そこで、これらの2変数を使ってクラスタ分析を行ったら、上のような特徴があると考えられるクラスタができたのではないでしょうか」

> 「変数の選び方によっては、特徴を説明することが難しいクラスタができてしまうこともある。Cat.11でも、老齢猫と高齢猫の扱いがうまくいかなかった。そのような例をもうひとつ見ておこう」

実習1-2

Catfood01のデータでマンガン、亜鉛、鉄の変数を使い、操作1-2の手順にしたがってクラスタ分析を実行して樹形図を描いてください。「クラスタリング法：」のところには、Cat.12と入力してください。

実習1-2を行うと、図1-6の樹形図が描けます。マンガン、亜鉛、鉄はミネラル分と呼ばれる成分で、簡潔に説明すると、次のような働きをします。
- マンガン：タンパク質や脂質を体に取込むことを助ける酵素として働く
- 鉄：赤血球を作る働きがあり、貧血を防ぐ
- 亜鉛：新陳代謝を促進する働きがある

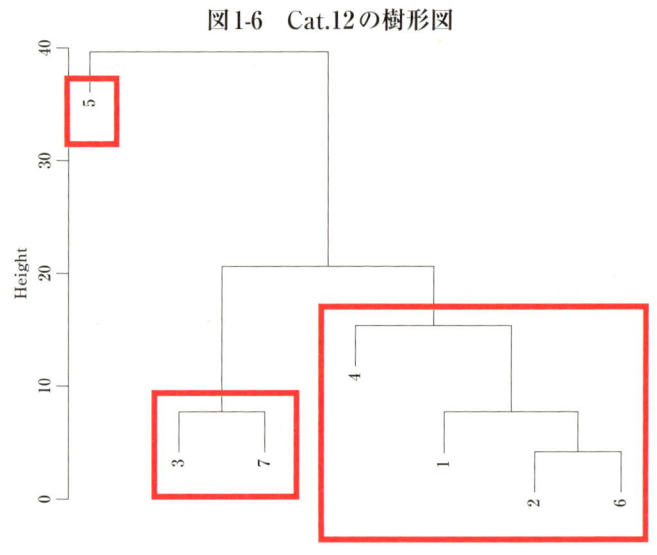

図1-6　Cat.12の樹形図

「4番を別にするか迷いましたが、他の3つと一緒にして、3つのクラスタに分けました」

- {5} ⇔ {美しさを保ちたい猫}
- {3, 7} ⇔ {健康的な成猫, 老齢猫}
- {2, 6, 1, 4} ⇔ {子猫, 高齢猫, 離乳期の子猫, 体調管理が難しい猫}

「今度のクラスタには、それぞれどのような特徴があるだろう？」

「5番だけのクラスタは『美しさを保ちたい猫』で、健康は十分に保たれていて、さらに一段上を目指している猫です。おそらく、毛並みや肌が美しくなるように、ミネラル分豊富な製品なのではないでしょうか。あとの2つは解釈をつけるのが難しいです。1つは健康的な猫と余命短い老齢猫が1つのクラスタで、もう1つは、子猫、高齢猫、体調管理が難しい猫が一緒です。ミネラル分はとりすぎると良くないと聞いたことがあるので、2, 6, 1, 4番のクラスタは、摂りすぎないようにミネラル分を控えた製品だと考えることはできます。けれども、3番と7番のクラスタは…。何でしょう？」

「2, 6, 1, 4番のクラスタの特徴をどうにか見つけられただけでも上出来だ。しかし、3番と7番のクラスタは、私にもわからない。健康的な猫と老齢猫のクラスタだからな」

「変数の選び方によっては、クラスタの解釈がとても難しくなってしまうことがあるのですね。クラスタについてこの状態では、多変量データ全体のおよその姿をつかむことは、とてもできません」

「扱うデータに対して十分な知識があれば、解釈を上手につけることができるクラスタに分ける変数を選ぶことができるかもしれない。けれども、そうでないデータについては、特徴をうまく説明できるグループ分けになるように、変数の数や組み合わせをあれこれ考えて試すことになる」

「クラスタ分析をして樹形図からクラスタを特定しても、各クラスタの特徴が見えないときは、なんだか骨折り損のくたびれもうけのような気がします」

「多変量データは本当に扱いが難しい。ぱっと見ただけでは、データの全体的な特徴はまずわからないだろう。多変量データを前にして何もできずに呆然としたままでいるよりは、クラスタ分析をするとデータ全体の特徴を見つける手がかりが得られる可能性があると前向きに考えてくれるとありがたい」

「なるほど。『前向きに』ですね」

「ところで、Catfood01のデータは栄養成分に関しては43変数をもっているが、商品数は7であって少ない。クラスタ分析の概略をわかりやすくするためにそうしたのだが、クラスタ分析は、本来、もっと数が多い場合にこそ使われるべきものだ。商品数が19あるデータを使って、読者のみなさんにクラスタ分析を試みていただきましょう。ねこすけも一緒にやってみなさい」

実習1-3

1. 「多変量解析データセット」のフォルダに、"キャットフード（ドライタイプ）"というデータファイルがあります。このデータファイルを**Catfood02**という名前でRコマンダーに取り込んでください。
2. Catfood02のデータを構成する数値型変数の中から興味のあるものをいくつか選び、クラスタ分析を行ってください。「クラスタリング法：」のところには、Cat.3と入力してください。そして、樹形図から導き出される各クラスタについて、特徴を説明できるかどうかを検討してください。

【参考】Catfood02は、ドライタイプのキャットフード19商品の成分を記録したものです。ドライタイプとは、水分の含有量が10%程度のペットフードのことを指します。このデータに含まれる成分の変数とそれらの計測単位は、Catfood01と同じです。また、データの識別番号と"対象"の変数には、次のような関係があります。

表1-3　データ番号と対象猫の対応関係

"対象"の変数の値	該当するデータ番号
発情期から授乳期の母猫	1
子猫	2, 3, 4
室内猫	5, 6, 7
老齢猫	8
食事にこだわりがある猫	9, 10, 11
胃腸がデリケートな猫	12
標準的な猫	13
肥満が気になる猫	14
毛玉が気になる猫	15
純血種の猫のための毎日の総合栄養食	16, 17, 18, 19

「タンパク質、脂質、食物繊維の3変数を使って、実習1-3を行ってみました。図1-7がその樹形図です。変数の選び方にもよるのでしょうが、Catfood01のデータを使ったときと比べると、かなり形が変わった樹形図になりました。クラスタの数は5つにするのが良いと思います」

図1-7　Cat.3の樹形図の例

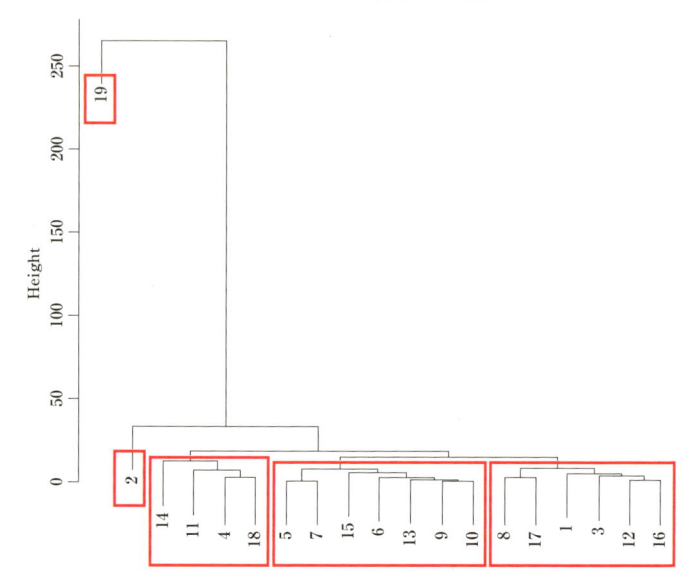

図1-7を左から順に見ると、次のクラスタが作られています。クラスタの番号は、近いものから順に並べています。
- {19} ⇒ {純血種の猫のための毎日の総合食}
- {2} ⇒ {子猫}
- {18, 4, 11, 14} ⇒ {純血種の猫のための毎日の総合食, 子猫, 食事にこだわりがある猫, 肥満が気になる猫}
- {9, 10, 13, 6, 15, 5, 7} ⇒ {食事にこだわりがある猫, 標準的な猫, 室内猫, 毛玉が気になる猫}
- {12, 16, 3, 1, 8, 17} ⇒ {胃腸がデリケートな猫, 純血種の猫のための毎日の総合食, 子猫, 発情期から授乳期の母猫, 老齢猫}

「各クラスタの特徴を見つけるのは、かなり難しくないか？データセットを表示させて、他の変数を見る必要もありそうだ」

「兄弟姉妹、親戚、友人、知人の毛並みや健康状態まで思い出して考えます。確かに難しいですが、ひとつの例は、次のようなところでしょうか」

- {19}：19番の製品は、メインクーンという種類の猫用。メインクーンは大型の猫なので、栄養価がかなり高い製品
- {2}：子猫用なので、栄養価が高い製品
- {18, 4, 11, 14}：18番はシャム猫用。シャム猫は野性的な性質を残し、感覚が鋭い。シャム猫用と子猫用が最も近く、食事にこだわりがある猫、肥満が気になる猫の順に近いので、このクラスタは、栄養価とともに味にもこだわった製品
- {9, 10, 13, 6, 15, 5, 7}：食事にこだわりがある猫用と室内猫用が含まれるので、栄養価は二の次で、材料と味にこだわった製品
- {12, 16, 3, 1, 8, 17}：16番と17番は、ペルシャ猫、チンチラ猫、ヒマラヤン猫用。いずれも温和な性格の猫。16番が子猫用で、17番が成猫用。胃腸がデリケートな猫、子猫、発情期から授乳期の母猫、老齢猫も対象なので、栄養のバランスを重視した製品

「さすが、キャットフードを食べ慣れているだけのことはある。わしにはとてもわからない」

「勘と想像もだいぶ入っています。難しいです。得られた樹形図でどうしてもクラスタの特徴を見つけることができないときは、どうすれば良いのですか？」

「操作1-2の操作説明図1-6のところで気がついた方もいると思うが、実は、クラスタ分析の方法は1つではない。ここまでのクラスタ分析では、完全連結法という方法を使っている。最長距離法とも呼ばれるものだ。操作説明図1-6でクラスタリングの方法を別のものに変えると、違った形の樹形図が得られて、特徴の説明がしやすくなることがある」

「そもそも、クラスタはどのように作られるのでしょう？」

「一口に言えば、データ同士の距離を測り、近くにあるもの同士を寄せ集めていくのだ。詳しい説明は1-2節でするから、ひとまず、クラスタを作る方法を変えて樹形図がどのように変わるかを観察してみよう」

❸ クラスタリング方法の変更

「操作1-2の操作説明図1-6のところで、クラスタリングの方法には、完全連結法の他に6種類の方法が提供されていました」

「クラスタを作る方法、つまりクラスタリングの方法を変えると、データ同士の距離の測り方が変わる。すると、樹形図の形も変わることがある。早速試してみよう。どのように変化するかを簡単に観察できるように、データをCatfood01に戻す」

操作1-3　分析対象データの変更

1. ここまで本書の手順にしたがっていれば、Rコマンダーのウィンドウの左上にある「データセット：」の表示が **Catfood02** になっているはずである。このデータ名のところをクリックすると、操作説明図1-8の「データセットの選択」のウィンドウが開く。

操作説明図1-7

2. データセット（１つ選択）の選択肢で、すでに取込んである Catfood01 を探してクリックして反転表示させ、OKをクリックする。Rコマンダーのウィンドウに戻る。

操作説明図1-8

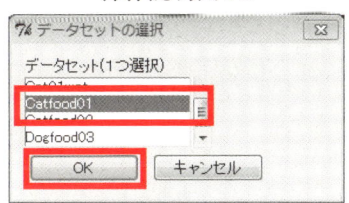

3. Rコマンダーのウィンドウの「データセット：」の表示が **Catfood01** になれば変更完了。

操作説明図1-9

【注意】操作説明図1-7で「データセット：」の表示が **Catfood02** でなくても、同じ操作で分析対象のデータを Catfood01 に変更可能。操作説明図1-8の操作で Catfood01 が見当たらないときは、このデータがRコマンダー上に保存されていません。そのときは、操作1-1の手順を繰り返して Catfood01 のデータを取込む必要があります。

「上から２番目に表示される単連結法を試す。最短距離法とも呼ばれる方法だ」

操作1-4　クラスタリング方法の変更

1. メニューで、「統計量」→「次元解析」→「クラスタ分析」→「階層的クラスタ分析」と進む。操作説明図1-10の"階層的クラスタリング"というウィンドウが開く。

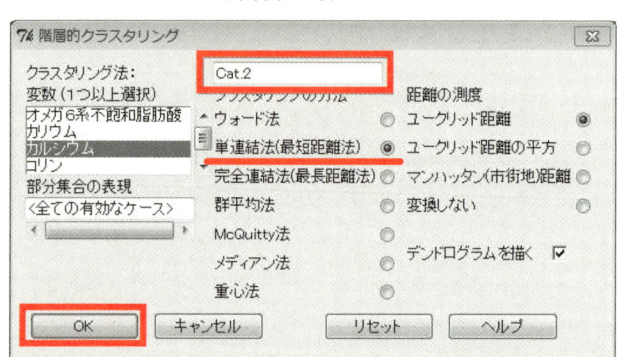

操作説明図1-10

2. "階層的クラスタリング"のウィンドウで、「クラスタリング法：」の欄をCat.2に書き換え、**クラスタリングの方法**で"ウォード法"に印を移す。**変数（1つ以上選択）**で、「カルシウム」、「タンパク質」、「脂質」の3変数を選ぶことを含めて、あとは操作1-2と同じにして左下の OK をクリックする。

「操作1-4の操作説明図1-10にあるとおり、クラスタリングの方法には7つの選択肢がある。そして、クラスタリングの方法によっては、距離の測度を"ユークリッド距離の平方"に指定しなければならない。クラスタリングの方法と距離の測度の組み合わせを示したものが表1-4だ」

表1-4 クラスタリングの方法と距離の測度の組み合わせ

クラスタリングの方法	選択できる距離の測度
ウォード法	ユークリッド距離の平方
単連結法（最短距離法）	ユークリッド距離 マンハッタン距離（市街地距離）
完全連結法（最長距離法）	ユークリッド距離 マンハッタン距離（市街地距離）
群平均法	ユークリッド距離 マンハッタン距離（市街地距離）
McQuitty法	ユークリッド距離 マンハッタン距離（市街地距離）
メディアン法	ユークリッド距離の平方
重心法	ユークリッド距離の平方

例えばクラスタリングの方法を"ウォード法"にしたときは、距離の測度を"ユークリッド距離の平方"に指定します。この場合、操作1-4の操作説明図1-10は、次の操作説明図1-11のようになります。

操作説明図1-11

これは便利

　図を描いた後、図の上でマウスを右クリックすると、いくつかの選択肢が提示されます。その中から"ビットマップにコピー"を選び、ワードパッド等のワープロソフトウェアやパワーポイント等の発表用ソフトウェアの上で「貼り付け」を選ぶと、図をコピーすることができます。
　これから行う実習では、たくさんの図を描いて比較する作業を行います。そのようなときは、描いた図をワープロソフトウェア等に逐次コピーしていくとよいでしょう。もっと格好良く済ませる方法もありますが、Rコマンダーを含むRというソフトウェアを初めて扱う人には、この方法が確実です。

「一度に比較するとおもしろそうなので、他の方法についても試してみます。距離の測度の指定に気をつけます」

実習1-4

1. 操作1-4の手順にならって、カルシウム、タンパク質、脂質の変数を使い、クラスタリングの方法を、単連結法（最短距離法）、群平均法、McQuitty法、メディアン法、重心法と変更して、それぞれの樹形図を描いてください。それぞれのクラスタリング法について、名前は次のようにつけてください。

　　単連結法（最短距離法）⇒ Cat.3　　群平均法 ⇒ Cat.4
　　McQuitty法 ⇒ Cat.5　　　　　　　メディアン法 ⇒ Cat.6
　　重心法 ⇒ Cat.7

　距離の測度の指定は表1-4にしたがい、2つ選択肢がある方法については、"ユークリッド距離"を指定してください。

さらに、これまでに描いた完全連結法（最長距離法）とウォード法とあわせて、7つのクラスタリング法による樹形図が比較できるように、ワードパッド等のソフトウェアに樹形図をすべてコピーしてください。
2. 7つのクラスタリング法による樹形図を比較して、似ている樹形図が描けたものはどの方法とどの方法であるかを確かめてください。
3. 操作1-2で例として描いた完全連結法（最長距離法）とは異なる樹形図が描けたものについて、次の問題を考えてください。
   (1) クラスタはいくつできるか
   (2) 各クラスタについては、どのような解釈をつけることができるか

「実習1-4の結果が図1-8です。単連結法を使ったCat.2だけが形の違った樹形図で、他の6つの方法はほとんど同じ樹形図になりました」

「つまり、単連結法の樹形図と、それ以外の樹形図とに形が2通りに分かれたわけだ。Cat.3からCat.7までについては、クラスタの分け方と各クラスタに対する解釈は、Cat.1と同じでよいだろう。単連結法のCat.2はどうなる？」

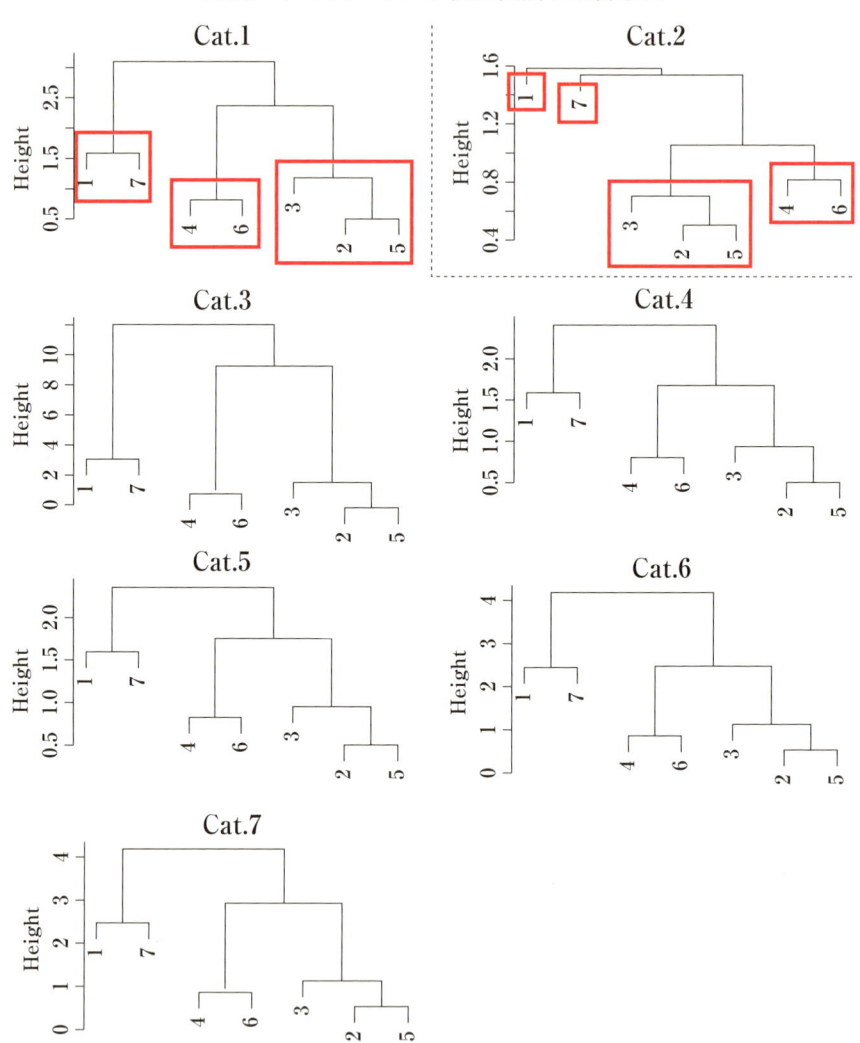

図1-8　クラスタリング法を変更した樹形図

「Cat.1とCat.2の違いは1番と7番の位置です。Cat.2では1番と7番が初めの段階で枝分かれしているので、それぞれを1つのクラスタにするのが良いと思います。あとはCat.1のときと同じです。そこで、Cat.2のクラスタは4つで、次の

ような解釈が考えられます」

- {1} ⇔ {離乳期の子猫}
  ⇒ 胃や腸がまだ十分に機能しないので消化吸収が早く、しかも、これから育つ猫の栄養摂取を考えた製品
- {7} ⇔ {老齢猫}
  ⇒ 消化器官の働きが衰えているので、消化吸収が早く、余生を過ごすのに必要な栄養をとれることを考えた製品
- {4, 6} ⇔ {体調管理が難しい猫, 高齢猫}
  ⇒ 体調が万全ではない猫用に、胃や腸にあまり負担をかけない製品
- {3, 2, 5} ⇔ {健康的な成猫, 子猫, 美しさを保ちたい猫}
  ⇒ 健康的な猫や育ち盛りの猫用に栄養配分が考えられた製品

「胃や腸の働きが十分でないという点では、離乳期の子猫と年をとった猫は同じと考えられる。けれども、これから育つ猫と余生を過ごすだけの猫は必要な栄養成分や量は違う。それで1番と7番が分かれたのかもしれない」

「Cat.1のときに考えたように1番と7番がひとつのクラスタになるのもわかる気がしますし、離乳期の子猫と年をとった猫の違いから、別々になるのも納得できます」

> **ポイント**
> - クラスタリングの方法を変更すると、樹形図が変わることがある
> - あるクラスタリングの方法で得られたクラスタについて適切な解釈を与えることができないときは、別のクラスタリング方法を試みるとよい
> - クラスタリングの方法としてウォード法、メディアン法、重心法を使うときは、距離の測度に"ユークリッド距離の平方"を指定することに注意

実習1-5

　カルシウム、タンパク質、脂質の組み合わせ以外の変数の組をCatfood01のデータから選び、操作1-4の手順にならってクラスタリング法を変更し、樹形図を描いてください。「クラスタリングの方法：」のところには、Cat.31、Cat.32、…、と入力してください。

　変数は3つに限る必要はありません。そして、得られた樹形図からどのようなクラスタが作られるかを読み取り、それぞれのクラスタの特徴をどのように説明できるかを検討してください。

「同じ変数を使ったのに、図1-8では、Cat.2とそれ以外とで樹形図の形が少し変わりました。もっと規模が大きいデータなら、樹形図がかなり変化することも考えられます。クラスタリング法を変更したことで、何が違ってくるのでしょう」

「前の小節でねこすけがした質問に答えるときが来たようだ。クラスタがどのように作られるのかを説明すると、クラスタリング法を変更したときに何が違ってくるのかもわかる」

1-2 樹形図ができるまで

食い倒れの街大阪の大阪市役所から港町神戸の神戸市役所までの直線距離は、約28km。この数字は、高校で学ぶ座標平面上の2点間の距離を計算する方法で求められます。ところが、クラスタ分析を行うときは、2つのデータ間の距離に加えて、すでに作られているクラスタとデータの距離、さらに、クラスタとクラスタの距離を考える必要が出てきます。これらの距離をどのように定めるかがクラスタリングの方法の違いとなり、どのクラスタリングの方法を選ぶかによって、同じ変数の組でも樹形図が変わることがあります。

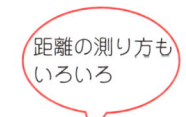

> 距離の測り方もいろいろ

❶ クラスタの構成

「すでに説明したとおり、クラスタ分析は、似たもの同士のデータをまとめてクラスタを作ってデータを分類し、多変量データのおよその全体像をつかむ手がかりにする方法だ。そして、似たもの同士を寄せ集めるときの基準が、距離の考え方だ」

「距離が長いか短いかで、似ているか似ていないかを決めるのですか？」

「そう。樹形図で説明しよう」

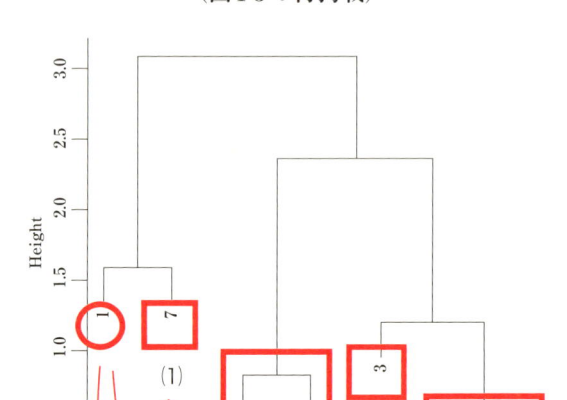

図1-9 樹形図でみるデータ間の距離
（図1-3の再掲載）

一番近い

一番遠い

　Catfood01のデータを使って描いた図1-3を再度使って説明します。図1-3に必要事項を書き込んだものが図1-9です。データ間の距離は、樹形図では枝の長さで表されます。図1-9で一番左にあるデータ番号1の葉を基準にして考えます。

1. データ番号1の葉から最寄りの分岐までもどってたどり着けるのは、データ番号7
   ⇒ データ番号1との距離が最も短いのはデータ番号7
2. データ番号1の葉から根の分岐まで戻って反対側の枝をたどったとき、一番近いところにある葉はデータ番号3
   ⇒ 2番目に距離が短いのはデータ番号3
3. データ番号1の葉から最も長く枝をたどらなければ行き着くことができない葉は、データ番号2と5
   ⇒ 最も距離が長いのは、データ番号2と5

1-2 樹形図ができるまで

「このようにしてデータ同士の距離が樹形図に反映されて、距離が近いもの同士がまとめられて、クラスタが作られていくのですね」

「距離を使ってクラスタが作られていく手順を、模式図を使って説明しよう」

図1-10　クラスタの構成手順の模式図

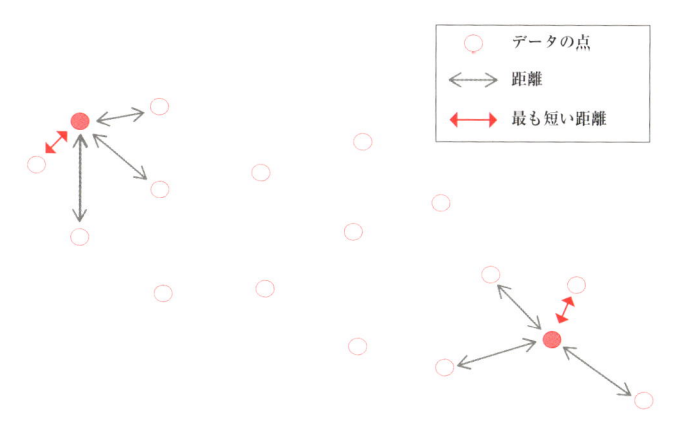

1. ある1つの点に着目し、他のすべての点との距離を測る
2. すべての点について1の作業を行う
3. 最も近い点と最初のクラスタを作る

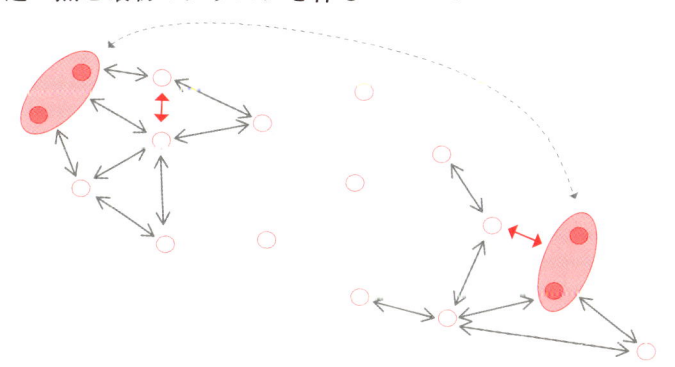

4. クラスタ同士の間、クラスタとデータの間、データ同士の間の距離を測る

5. データの点が他のデータの点よりもあるクラスタに近ければ、その点とクラスタを含むより大きいクラスタを構成する。データの点がクラスタよりもあるデータの点に近ければ、そのデータと新たなクラスタを作る

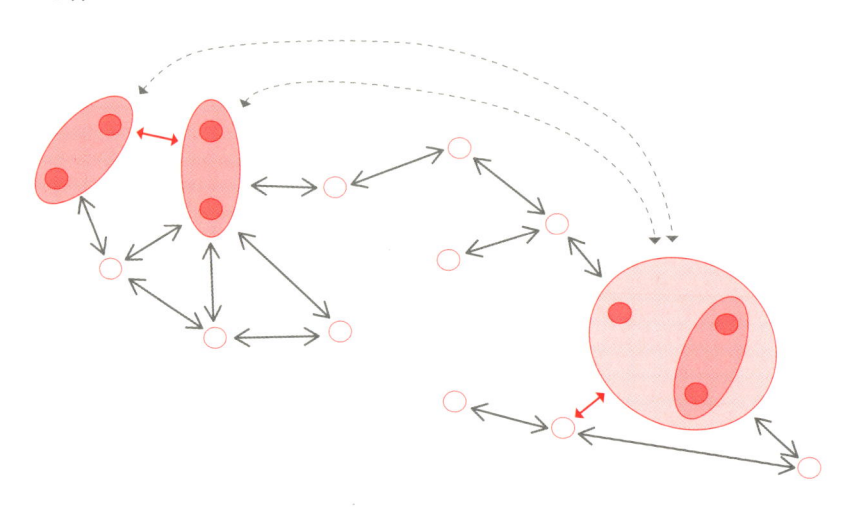

6. 新たに構成されたクラスタを含めて、クラスタ同士の間、クラスタとデータの間、データ同士の間の距離を測る
7. 5と同じ基準で新たなクラスタを構成する

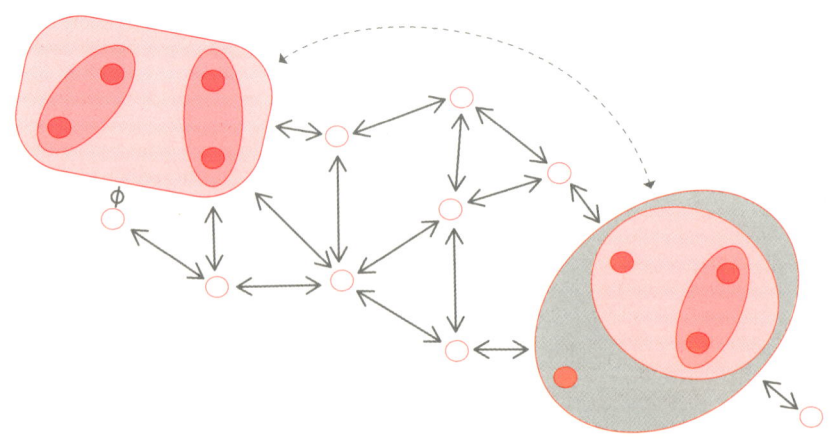

8. この手順の繰り返しで、根に至るまでのクラスタを構成する

「図1-10を見ると、クラスタがどのように作られていくかは意外と簡単です。先生のおっしゃるとおり、距離を測って近いものからまとめていくだけです」

「難しいことはしていないだろう。けれども、すべての点同士の距離を測るのが大変だ。図1-10はわかりやすく描いた模式図でデータの点の数を抑えてあるが、実際のクラスタ分析では、データの数はかなり多い。一番初めにそれらすべての点同士の距離を測るとき、データの2点の組み合わせも膨大になる」

仮に、データが100個あるとします。これら100個の中から2つを取り出して距離を測るとき、計算が必要な2つのデータの組み合わせは、全部で

$$_{100}C_2 = 4950 \text{通り}$$

あります。これは、高校で学ぶ「組み合わせ」を使った結果です。

「これほどあると、手や電卓ではとても計算することはできません」

「クラスタを構成する仕組みはとても簡単だが、計算は大変だ。クラスタ分析は、コンピュータが手軽に使えるようになって、初めて実用的な方法になったと言える」

② 2点間の距離

「データ同士の距離について説明する前に、身近な例で考えてみよう。ねこすけは京都に行ったことがあるか？」

🐱「実は、京都の仁和寺というお寺の近くに姉が住んでいて、ときどき遊びに行きます。姪が1匹と甥が2匹います」

🎩「それならば、ある程度土地勘はあるな。図1-11を見てほしい。京都駅から二条城までの距離は、どれくらいある？」

🐱「赤色の点線矢印の通りに行くと、およそ3.7kmです。京都の街は碁盤の目のようにできているので、他の大きな通りを使っても、ほとんど同じです」

図1-11　京都駅から二条城までの距離

大徳寺の方向

二条通

御池通

四条通

堀川通

烏丸通

五条通

七条通

京都駅

新幹線

500m

「仮に、建物に関係なく、京都駅から二条城まで直線で行けるとしたら？」

「図1-11の目盛りを使うと、およそ3kmであることがわかります。赤い矢印です」

「図1-11を座標平面と見なして、京都駅を原点O、二条城の座標をP(a_1, a_2)とすると、赤の矢印で表された直線距離は、次のように求められる」

京都駅の原点Oと二条城の点P(a_1, a_2)の距離を$d(O, P)$で表すことにすると、

$$d(O, P) = \sqrt{a_1^2 + a_2^2} \quad (= 2.8 \fallingdotseq 3)$$

このことは、高校の数学で学びます。

「思い出しました。例えば、二条城よりも北にある大徳寺の座標をQ(b_1, b_2)とすると、二条城と大徳寺の距離は、次の式で計算できます」

$$d(P, Q) = \sqrt{(a_1 - b_1)^2 + (a_2 - b_2)^2}$$

「大徳寺とは、若いのに渋い場所をもってくるものだ。ところで、いまのことは知らないが、昔の小学校では、赤色の点線の長さのことを『道のり』。まっすぐに行ったと仮定した場合の長さを『距離』と呼んで区別していたんじゃ」

「普通に距離と聞かれたら、赤色の点線に沿って測った長さ。直線距離と聞かれたら、赤色矢印の長さを指すのが普通だと思っていました」

「実は、数学では、次の3つの性質をみたす測り方で測った長さを、すべて距離と呼ぶ」

点P, Q, Rについて、
(i) $d(P, Q) \geqq 0$.　特に $d(P, Q) = 0 \Leftrightarrow P = Q$
(ii) $d(P, Q) = d(Q, P)$
(iii) $d(P, Q) \leqq d(P, R) + d(R, Q)$　（三角不等式）

上の3つの性質は、距離と呼ばれるものについては自然に成り立つものです。言葉や図で言い換えると、次のようになります。

(i) 距離は、正または0の値をとる。負の値にならない。特に点Pと点Qの距離が0ならば、PとQは同じ点
(ii) Pが始点でQが終点であるとして測った距離と、Qが始点でPが終点であるとして逆方向に測った距離は同じ
(iii) 三角不等式を視覚的に表したものが次の図。PからQへ行くとき、Rへ寄り道をすると距離が長くなる。

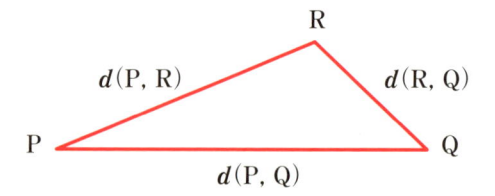

数学では、(i)、(ii)、(iii)の性質をまとめて、**距離の公理**と呼ぶ。

「昔の小学校で『道のり』と呼んでいたものも、直線で結んで『距離』と呼んでいたものも、数学の意味での距離とやらになるのですか？」

1-2 樹形図ができるまで

「2点の間の距離を、それぞれ次のように定めればよい。(a) で定めれば、直線で結んだ距離。(b) で定めれば、道のりとも呼ばれる距離になる。道のりは、その測り方から、市街地距離やマンハッタン距離とも呼ばれる」

座標平面上の2点を$P(a_1, a_2)$、$Q(b_1, b_2)$とおく。
(a)　$d(P, Q) = \sqrt{(a_1 - b_1)^2 + (a_2 - b_2)^2}$　（ユークリッド距離）
(b)　$d(P, Q) = |a_1 - b_1| + |a_2 - b_2|$　（市街地距離、マンハッタン距離）

「すると、図1-11で、赤色矢印は (a) で測った距離。赤色の点線矢印で測った距離は (b) ですね。市街地距離なんて、まさに道のりそのものの名前です。ニューヨークのマンハッタンも京都のようにかなりきれいに碁盤目に区切られているので、マンハッタン距離とも言うわけですか」

「意識をせずに普段使っているから、ユークリッド距離や市街地距離はすぐに理解できるだろう。けれども、距離の公理をみたす測り方は、数学ではすべて距離と呼ぶ。したがって、これら以外にも距離はある」

「操作説明図1-6や1-10を改めて見ると、『距離の測度』の選択肢に、確かにユークリッド距離と市街地距離があります。ウォード法や重心法では、距離の測度に"ユークリッド距離の平方"を指定しました。これも距離ですか？」

「三角不等式をみたさないので、厳密な意味では距離ではない。けれども、2つの点が遠いか近いかを測る量にはなっているので、広い意味での距離とする考え方もある。クラスタ分析で2つのデータの間の距離を測るときは、広い意味のものも含めて、これらの距離を使う。例えば、図1-10の最初の図の状況でデータ同士の距離を測るときだ」

「どの距離を使うかによって、クラスタ分析の結果は変わりますか？」

「いい質問だ。次の例を見ると、異なる距離を選ぶと、クラスタ分析の結果も異なる可能性があることがわかるだろう」

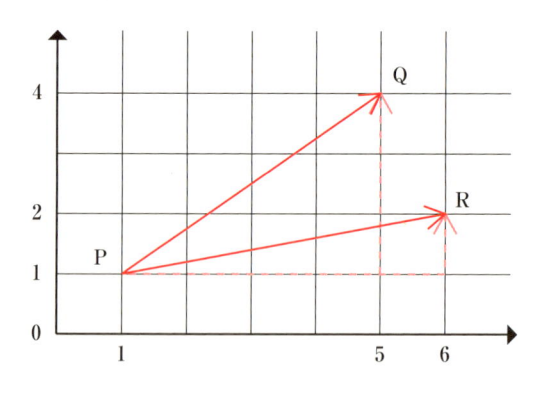

図1-12　距離の取り方と近さの関係

図1-12のように、3つの点P(1, 1)、Q(5, 4)、R(6, 2)をとります。そして、Pを基準点として、PとQの距離、PとRの距離を測ります。

(a) ユークリッド距離（赤の矢印）
$d(P, Q) = \sqrt{(1-5)^2 + (1-4)^2} = \sqrt{25} = 5$
$d(P, R) = \sqrt{(1-6)^2 + (1-2)^2} = \sqrt{26} ≒ 5.099$

(b) 市街地距離（赤色点線の矢印）
$d(P, Q) = |1-5| + |1-4| = 4 + 3 = 7$
$d(P, R) = |1-6| + |1-2| = 5 + 1 = 6$

ユークリッド距離で測ると、Qの方がRよりもPに近い点になります。一方、市街地距離で測ると、逆転が起きて、Rの方がQよりもPに近くなります。

したがって、他の点がどちらの距離で測っても上のどの値よりも大きいとするならば、ユークリッド距離で測ればPとQの点で表されるデータがクラスタを作り、市街地距離で測ればPとRの点で表されるデータがクラスタを作ることになります。

「どの距離を選ぶかで、2つの点の間の近さも変わるのか…」

「例えばユークリッド距離を使ってクラスタ分析を行って、解釈がとても難しい結果が出てしまったとしよう。そのときは、市街地距離に変えてもう一度クラスタ分析を行ってみると、もしかしたら、解釈が少し簡単になる結果が出るかもしれない」

「なるほど。ここでも『前向きに』ですね。ところで、Catfood01やCatfood02のデータは、43変数でした。$P(u_1, u_2)$や$Q(b_1, b_2)$で表される座標平面上の2点の距離を測るときと同じではありません。どうすればよいのですか？」

「43変数すべてを使う場合、1つのデータを表す点がP(a_1, a_2, …, a_{43})と表されるから、増えた分の項も加えて距離を計算する式を修正すればよい。変数が4つ以上になると図に描くことはできないが、2点の間の距離の直感的な解釈は、図1-11と同じだ」

一般に、n変数の数値型データについて、2つのデータの点を
$$P(a_1, a_2, \cdots, a_n), Q(b_1, b_2, \cdots, b_n)$$
とおくとき、PとQの距離は次の式で計算。
(a) $d(P, Q) = \sqrt{(a_1 - b_1)^2 + (a_2 - b_2)^2 + \cdots + (a_n - b_n)^2}$
(ユークリッド距離)
(b) $d(P, Q) = |a_1 - b_1| + |a_2 - b_2| + \cdots + |a_n - b_n|$
(市街地距離、マンハッタン距離)
Catfood01やCatfood02のデータでは、最大で$n = 43$。

「距離を変えるとクラスタ分析の結果が変わる例を実際に見てみよう。ねこすけも、次の実習を読者のみなさんと一緒にやってみなさい」

実習1-6

1. Catfood01のデータを分析対象にします。Rコマンダーのウィンドウの「データセット：」の表示がCatfood01になっていなければ、操作1-3を行って、分析対象のデータをCatfood01に変更してください。
2. 操作1-2にならって、以下の指定でクラスタ分析を実行し、得られた樹形図をワードパッド等にコピーしてください。
   - 「クラスタリングの方法：」の欄をCat.41に書き換え
   - **変数（1つ以上選択）**では、"タンパク質"、"デンプン"、"脂質"の3変数を指定

1-2 樹形図ができるまで

- **クラスタリングの方法**は"完全連結法（最長距離法）"を指定
- **距離の測度**は"ユークリッド距離"を指定

3. 上の2で次の箇所だけを変更してクラスタ分析を実行し、樹形図を描いてください。
    - 「クラスタリングの方法：」の欄をCat.42に書き換え
    - **距離の測度**は"マンハッタン（市街地）距離"を指定

「実習1-6ができました。図1-13がその結果です。違いは、データ番号6です。樹形図を見ると、ユークリッド距離で測った場合は、データ番号6だけで1つのクラスタ。市街地距離では、データ番号6は4番と7番と一緒にして1つのクラスタとみた方がよいと思います」

図1-13　距離を変更したクラスタ分析

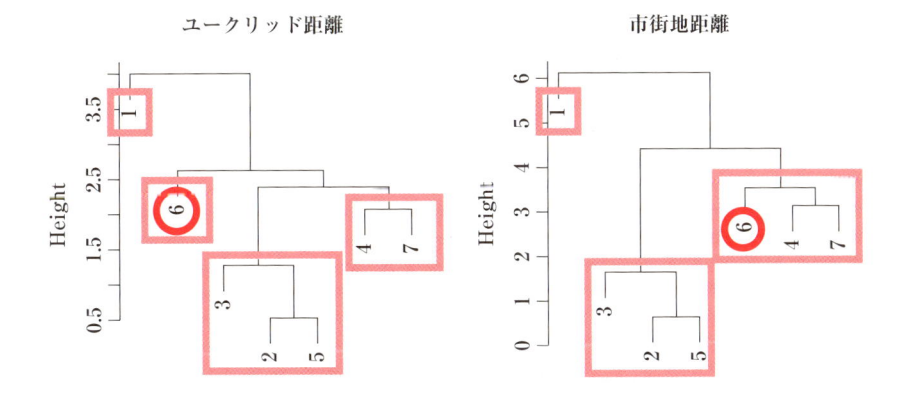

ユークリッド距離　　　　　　　　　市街地距離

2つの結果の違いは、データ番号6を、4と7と一緒にするかどうかです。
- ユークリッド距離
    {6} ⇒ {高齢猫}, {4, 7} ⇒ {体調管理が難しい猫, 老齢猫}
- 市街地距離
    {6, 4, 7} ⇒ {高齢猫, 体調管理が難しい猫, 老齢猫}

「解釈がしやすいのはどちらだろう？」

「データ番号4、6、7は、どれも食べるものに配慮が必要な猫です。例えば、胃や腸に負担が少ない製品が望ましいです。そうなると、6番を特に分ける必要はないので、6番を4番と7番と一緒にできる市街地距離を使った結果の方が、クラスタの解釈がしやすいという意味でよい結果です」

「クラスタの解釈がうまくできないとき、クラスタリングの方法を変えて試してみることを1-1節の第3小節で紹介した。それとは別に、距離の測り方を変えて試してみるのも一つの方法だ」

> **ポイント**
> - 同じクラスタリングの方法でも、距離の測り方を変更すると、樹形図が変わることがある
> - 得られたクラスタについて適切な解釈を与えることができないとき、距離の測度が選択できるならば、距離の測り方を変更してみるのも一つの手

❸ クラスタ同士の距離

「クラスタを作るときに距離を測ることはわかりました。けれども、先生。クラスタの作り方を説明した模式図の図1-10を見ると、データの点同士の距離だけではなく、点とクラスタ、それに、クラスタとクラスタの距離も測っています。これらの距離は、どのように測るのですか？」

「図1-14のような場合だな」

図1-14　クラスタに関わる距離の模式図

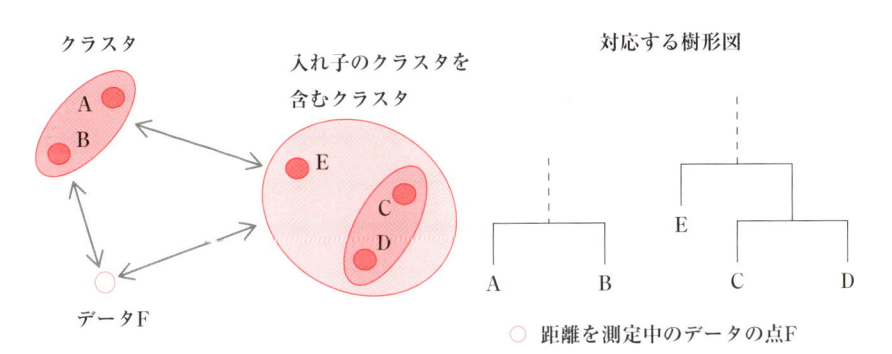

「そうです。空間座標の2点の間の距離は高校で学びますが、グループと点の距離、グループとグループの距離の測り方をきちんと考えるのは初めてです」

「実は、クラスタとクラスタの距離を測る方法の違いで、1-1節の第3小節で紹介したクラスタリングの方法の違いが生まれる。クラスタリングの方法につけられた名前が、クラスタとクラスタの距離の測り方を表しているものもある。最短距離法や最長距離法などがそうだ。図で直感的にわかりやすいものを取り上げて説明しよう」

図1-15　単連結法（最短距離法）

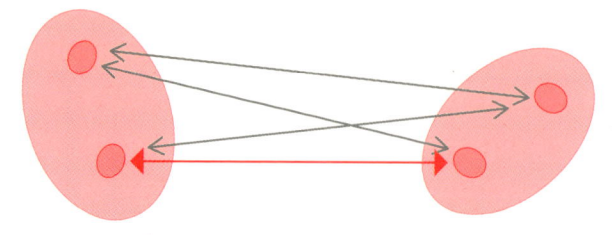

クラスタを構成するデータの点同士の距離の中で、最も短い距離をクラスタ間の距離とする

図1-16　完全連結法（最長距離法）

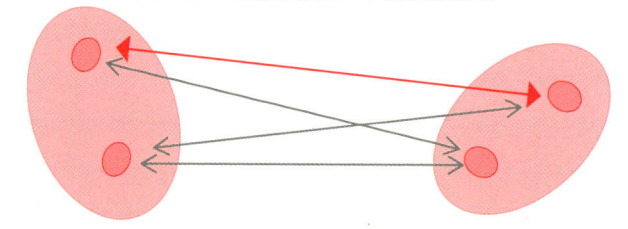

クラスタを構成するデータの点同士の距離の中で、最も長い距離をクラスタ間の距離とする

図1-17　群平均法

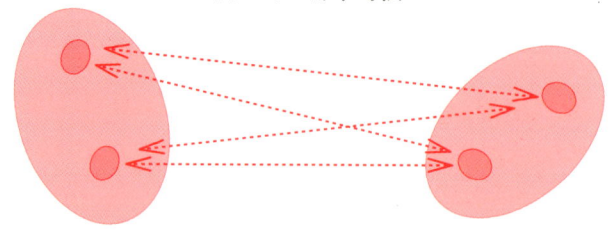

クラスタを構成するデータの点同士のすべての組み合わせについて距離を測り、それらの平均値をクラスタ間の距離とする

図1-18　メディアン法

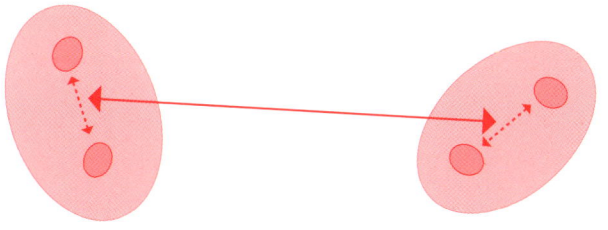

クラスタを構成するデータを結んだ線分の中点の間の距離をクラスタ間の距離とする

「データとクラスタの距離を測るときは、クラスタが1つのデータだけからできていると見ればよいですね」

図1-19　データとクラスタの距離

単連結法（最短距離法）　　　完全連結法（最長距離法）

群平均法　　　　　　　　　メディアン法

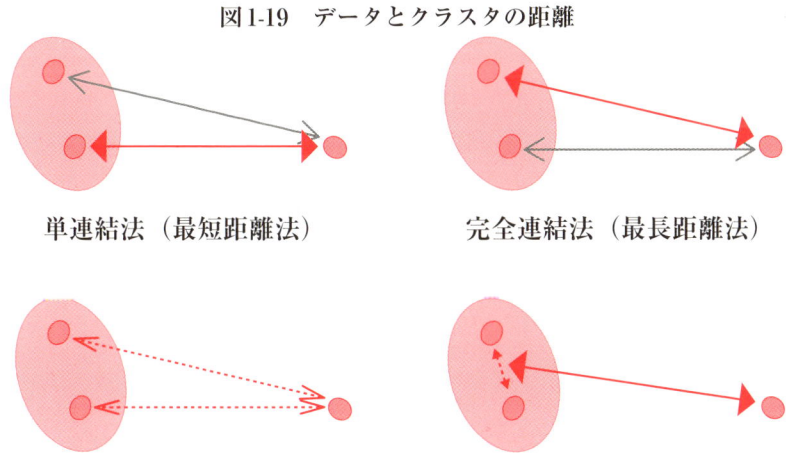

「そのとおり。したがって、完全連結法を採用した場合、図1-14からどのようなクラスタができていくかを考えると、結果は図1-20のようになる」

図1-20　完全連結法を用いた場合のクラスタ構成の模式図

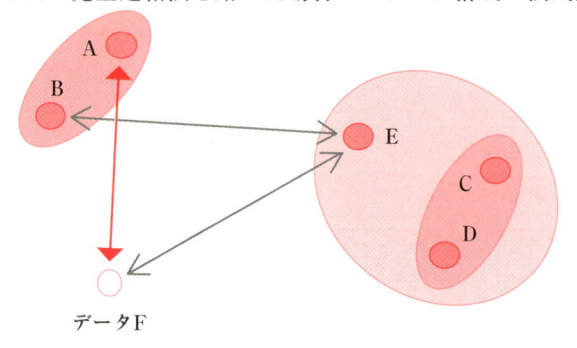

1. 完全連結法で測って一番近い距離にあるのは、データFの点と {A, B} のクラスタ

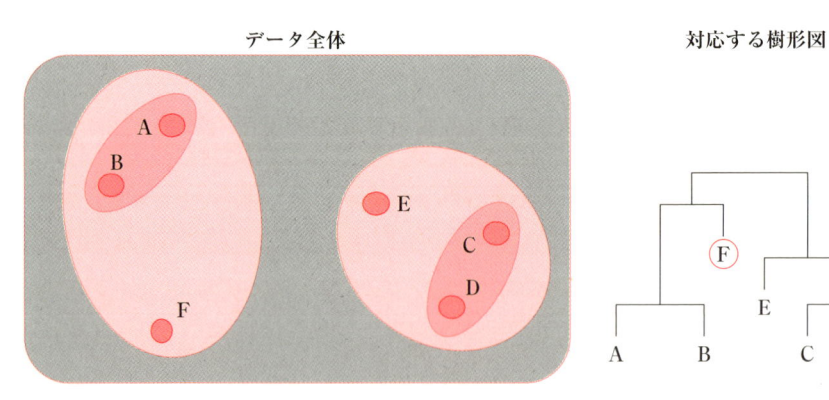

　　　　　　　データ全体　　　　　　　　　　　対応する樹形図

2. {A, B} のクラスタの側にFを加えて、{A, B} を入れ子にしたクラスタができる

「距離を測ってクラスタが構成されていくおよその流れがつかめました。クラスタリングの方法や距離の測り方にはそれぞれの特徴があるので、これらの指定を変えると、樹形図の形がかなり変わる可能性があることもわかりました」

「表1-4の組み合わせがあるわけだから、初めてクラスタ分析を使うときは、戸惑ってしまうかもしれない」

「最初にこの組み合わせから手をつけるといいというお勧めはありますか？」

「一般に、完全連結法とウォード法がグループ分けをしやすい樹形図を与えると言われている。最初は、この2つから始めてみるのがよいだろう」

ポイント
- クラスタは、データ間の距離を使って構成される
- 距離の測度やクラスタリングの方法や変更すると、樹形図が変わる可能性がある
- 1つの方法でうまく解釈ができる結果が得られないときは、距離の測度やクラスタリングの方法を変更して再挑戦
- とくにあてがないときは、完全連結法とウォード法がお勧め

1-3 数字で見るクラスタ分析

数字は、ときとして無味乾燥なものの代名詞の扱いを受けます。けれども、生活に役立つ数字が多いことも事実です。気温が25度以上になれば夏日。30度以上になれば真夏日。もっと上がって35度以上になれば猛暑日。それぞれの気温にあわせて暑さ対策を考える方も多いでしょう。また、降水確率が50％になると、傘を持って出かける人が増えるとか。クラスタ分析でも、クラスタの解釈が難しいときは、数字の情報が解釈のヒントを与えてくれることがあります。

さあ、どうぞ！

「クラスタ分析でデータを分類するとき、樹形図を見ていくつのクラスタに分けるかを決めることは、それほど難しくはありません。難しいのは、それぞれのクラスタの特徴を見つけ出す作業でした」

「何かヒントになるようなものがあると便利だな」

「1-1節でクラスタ分析を始める前の準備作業の1つとして、2変数の関係を確認する作業を行いました。2変数の関係は、散布図を使っておよその相関関係を視覚的に判断することもできましたが、もっと詳しく調べたいときは、相関係数行列が役に立ちました」

1-3 数字で見るクラスタ分析

「相関係数を見れば、散布図だけでは判断が難しかった2変数の組についても、相関の正負や強弱について白黒をはっきりつけることができた」

「クラスタ分析でも、クラスタの解釈に役に立つ数字の情報があると便利なのですが…。ないでしょうか？」

「クラスタの解釈のための切り札とまでは言えないが、クラスタリングの数値要約が役に立つこともある。最初にクラスタ分析を行った結果のCat.1を例にして見てみよう」

操作1-5　クラスタ分析の数値要約

操作1-2で行ったクラスタ分析の結果Cat.1を例にして説明する。名前をつけた他のクラスタ分析の結果についても同様にできる。

1. メニューで、「統計量」→「次元解析」→「クラスタ分析」→「階層的クラスタリングの要約」と進む。操作説明図1-12の"階層的クラスタリングの結果"というウィンドウが開く。

操作説明図1-12

2. **クラスタリング解の1つを選択**で"Cat.1"を選び、「クラスタ数：」が"2"になるようにスライド・バーを調整する。2ヵ所のチェックマークは入ったままにして、左下の OK をクリックする。

【注意】操作1-2の手順2で、「クラスタリングの方法：」の欄をCat.1と書き換えていないと、操作説明図1-12の**クラスタリング解の１つを選択**の欄にCat.1は表示されない。その場合は、再度操作1-2を行う。

　操作1-5を行うと、Rコマンダーのウィンドウの下半分にある出力ウィンドウに表1-5の表示が出て、R Graphicsのウィンドウには図1-21の左のものが描かれます。また、樹形図と対応させるために、Cat.1の樹形図を図1-22として再掲載しておきます。

表1-5　クラスタ分析結果Cat.1の数値要約

クラスタの大きさ（Cluster Sizes）

クラスタ1	クラスタ2
2	5

クラスタの重心（Cluster Centroids）

クラスタ1（INDICES：1）		
カルシウム	タンパク質	脂質
0.105	8.250	2.750
クラスタ2（INDICES：2）		
カルシウム	タンパク質	脂質
0.15	9.44	1.06

1-3 数字で見るクラスタ分析

図1-21　クラスタ分析結果Cat.1のバイプロット

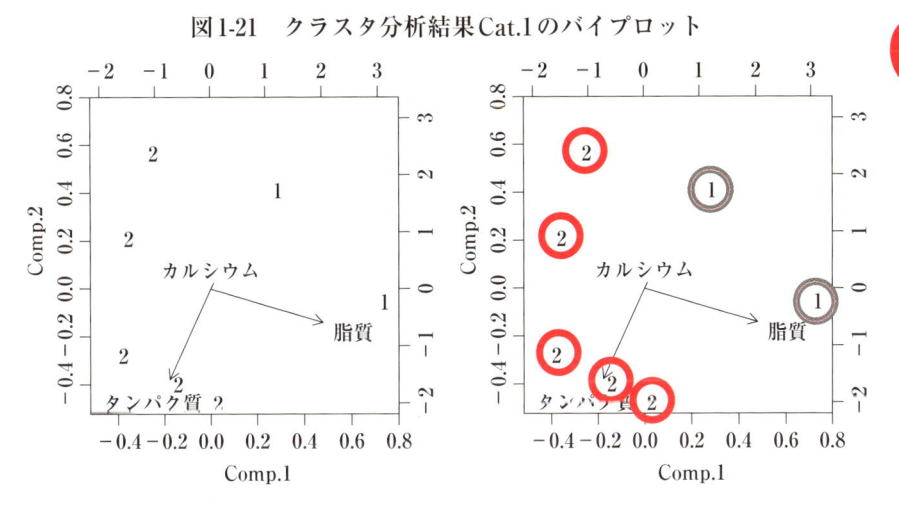

図1-22　Cat.1の樹形図（図1-4の再掲載）

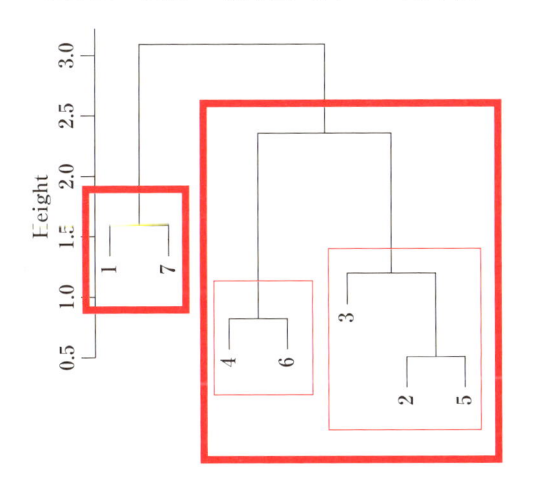

　表1-5と図1-21の見方を、順を追って説明します。これらはクラスタ数を2とした場合なので、図1-22で太い線でくくった2つのクラスタが対象になります。

「まずは、表1-5から」

■ 表1-5
1. **クラスタの大きさ（Cluster Sizes）**
   2つのクラスタにそれぞれ"クラスタ1"、"クラスタ2"と名前をつけるとき、クラスタ1は2つのデータから構成され、クラスタ2は5つのデータから構成されていることを表す。
2. **クラスタの重心（Cluster Centroids）**
   Cat.1は、カルシウム、タンパク質、脂質の3変数でクラスタ分析を行った結果。
   (i) クラスタ1（INDICES: 1）
       クラスタ1を構成する2つのデータについて、カルシウム、タンパク質、脂質の3変数の値の平均を表示
   (ii) クラスタ2（INDICES:2）
       クラスタ1を構成する5つのデータについて、カルシウム、タンパク質、脂質の3変数の値の平均を表示

「次は、図1-21ですね」

■ 図1-21
クラスタ分析に使用した3つの変数、カルシウム、タンパク質、脂質の正の向きを矢印で表し、クラスタ1を構成するデータの位置を"1"、クラスタ2のデータの位置を"2"で表示

1-3 数字で見るクラスタ分析

　図1-21は、43変数からなるCatfood01のデータを座標平面に表示できるようにしたものです。この図を**バイプロット**と呼びます。

　相関関係を見るときに使用した散布図は、2変数の組を座標平面（＝2次元の座標平面）に表示するので、特に問題はありません。けれども、3変数以上のデータを座標平面に表示するには、何らかの工夫が必要です。図1-21は、行列の固有値と固有ベクトルという考え方を利用して、3変数以上のデータの位置や変数の正の向きを表示しています。

　「バイプロットの見方を教えてください」

　「次のように見るのだ。クラスタの解釈のヒントを提供してくれることがある」

図1-21を例にして説明
- 変数名がついた矢印の向きが、その変数の正の向き。図1-21では、カルシウムの変量について矢印がついていない。これは、カルシウムの変数はクラスタの構成にほとんど寄与しなかったことを意味する。
- クラスタ1を構成する2つのデータのうち、1つは脂質が多い。もう1つはタンパク質が少ない（図1-21の右の図における灰色の丸）。
- クラスタ2を構成するデータは、タンパク質が多いか、または脂質が少ない（図1-21の右の図における赤の丸）。

　「表1-5を見ると、クラスタ1とクラスタ2では、確かにカルシウムについてはあまり差がありません。これら2つのクラスタを分けているのは、タンパク質と脂質の差です」

似たもの同士でデータを分類

「表1-5や図1-21をヒントにしてクラスタの解釈をすると、どうなる？」

「正直なところ、難しいです。表1-5と図1-21がヒントになりません。クラスタ1はタンパク質が多くないキャットフードですが、それだけならば、クラスタ2のデータにもあてはまるものがあります」

「クラスタ数が2つなのが良くないのかもしれない。3つにしてクラスタ分析の数値要約をしてみよう」

操作1-6　クラスタ分析の数値要約におけるクラスタ数の変更

操作1-5において、「クラスタ数：」が"3"になるようにスライド・バーを調整すればよい（操作説明図1-13参照）。

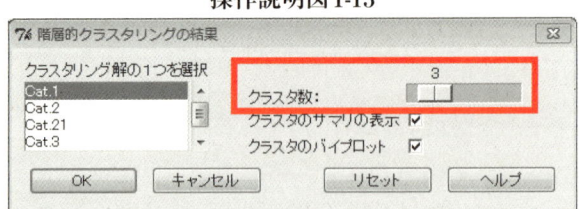

操作説明図1-13

操作1-6を行ったときの出力が、次の表1-6と図1-23です。

1-3 数字で見るクラスタ分析

表1-6 クラスタ数を3にしたときのCat.1の数値要約

クラスタの大きさ（Cluster Sizes）

クラスタ1	クラスタ2	クラスタ3
2	3	2

クラスタの重心（Cluster Centroids）

クラスタ1 （INDICES：1）		
カルシウム	タンパク質	脂質
0.105	8.250	2.750
クラスタ2 （INDICES：2）		
カルシウム	タンパク質	脂質
0.117	10.000	1.43
クラスタ2 （INDICES：3）		
カルシウム	タンパク質	脂質
0.2	8.6	0.5

図1-23 クラスタ数を3にしたときのCat.1のバイプロット

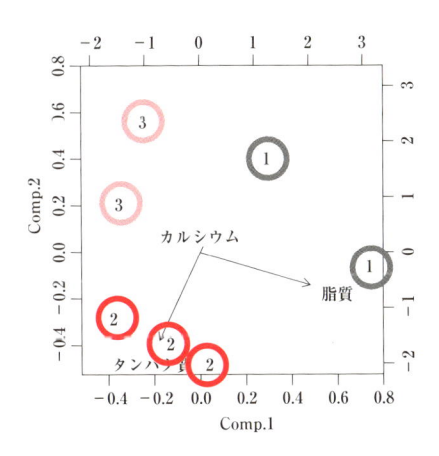

「図1-22ではクラスタ2であったものが、クラスタ2とクラスタ3に分かれました。解釈がしやすくなっています」

- クラスタ2：タンパク質が多い製品（赤い丸）
- クラスタ3：脂質が少ない製品（うすい赤色の丸）
- クラスタ1：タンパク質が控えめで、その分、脂質が多いか中程度の製品（灰色の丸）

「なるほど。クラスタ1の解釈がまだ苦しいように思うが、クラスタ2とクラスタ3ははっきりした。3つのクラスタは、図1-22で細い線でくくったものだ」

> **ポイント** クラスタ分析の数値要約を行うと、バイプロットや各クラスタにおける変数の平均から、クラスタの解釈についてヒントが得られることがある

「図1-22を見ると、クラスタ1を構成するデータの番号は1番と7番。クラスタ2は3、2、5番。クラスタ3は4番と6番です」

- クラスタ1 ＝ {1, 7} ⇔ {離乳期の子猫, 老齢猫}
- クラスタ2 ＝ {3, 2, 5}
  　　　　　　 ⇔ {健康的な猫, 子猫, 美しさを保ちたい猫}
- クラスタ3 ＝ {4, 6} ⇔ {体調管理が難しい猫, 高齢猫}

「栄養成分でみたクラスタの特徴と、クラスタを構成するデータの製品が対象としている猫を結びつけることはできるだろうか」

1-3 数字で見るクラスタ分析

「クラスタ2とクラスタ3については、次のような関係をつけることができると思います」

- クラスタ2
データ番号3、2、5の猫は、健康に問題がなく、活発に動き回る猫。運動をした後は、タンパク質を摂ると良い
- クラスタ3
データ番号4、6の猫は、消化吸収能力があまり高くない可能性がある。そして、脂肪は消化吸収に時間がかかる栄養素。そこで、脂肪分は控えめ

「クラスタ1は？」

「クラスタ1はやはり難しいです。成長真っ盛りの離乳期の子猫用に脂肪分が多くなるのはわかりますが、老齢猫にもタンパク質は必要なはずです。お年寄りの低タンパク貧血症という症状もあるそうですから」

「Cat.1のクラスタ分析に使った、カルシウム、タンパク質、脂質という変数の組み合わせが良くなかったのかもしれない」

「変数の数や組み合わせを変えてみて、それでも上手に解釈できるクラスタができなければ、距離の測度やクラスタリングの方法を変える手がありますね」

「よいところに気がついた。その手もあるな。ただし、データの数が膨大になると、クラスタ分析を行って得られるクラスタのす

べてに解釈をつけることは難儀だと思う。最初に説明したように、多変量データのおよその姿をつかもうというのがクラスタ分析の目的だ。クラスタ分析の段階で凝りすぎても、あまり意味がないとも言える」

「なるほど。1変数ごとの観察や、2変数の相関関係の確認が終わった後、多変量データを丸ごと扱うときの最初の一歩という位置づけがクラスタ分析でした。けれども、Cat.1程度のものならば、すべてについて特徴をきちんと説明できるクラスタにしたいです」

「それはもっともなことだ。この章はここで終わるから、実習として、変数の組み合わせやクラスタリングの方法をいろいろと変えて試してみなさい」

実習1-7

1. Catfood01のデータを使い、次の（a）〜（d）を変更してクラスタ分析を実行し、すべてのクラスタについて適切な解釈をつけることができる結果が得られるかどうかを試してください。
    - (a) 変数の数
    - (b) 変数の組み合わせ
    - (c) クラスタリングの方法
    - (d) 距離の測度が選べるものについては、距離の測度

    Cat.1やCat.11のようなクラスタリング法につける名前は、お好きなものにしていただいて構いません。
2. 興味のある方は、Catfood02のデータについても、1と同じことを試みてください。

1-3 数字で見るクラスタ分析

この章のまとめ

- 多変数のデータでも、最初は1変数ごとの観察から。それが終わったら、2変数の組の相関関係を確認
  - ✓ 1変数ごとの観察では、図ではヒストグラムや箱ひげ図。数字の情報は、平均と標準偏差、中央値と四分位範囲
  - ✓ 相関関係の確認では、散布図行列と相関係数行列
- クラスタ分析は、多変数のデータを丸ごと扱う最初の一歩の1つ
  - ✓ 樹形図を描いて、似たもの同士を寄せ集めたクラスタに分類
  - ✓ 各クラスタの特徴をつかみ、それを手がかりに多変量データのおよその姿をつかむ
- クラスタの構成は、データ同士の距離にもとづく
- クラスタ分析は選択肢が豊富。次のことを変えると、異なる樹形図が描ける可能性がある
  - ✓ 変数の数と組み合わせ
  - ✓ クラスタリング方法
  - ✓ 距離の測度（ユークリッド距離と市街地距離が選択できるもの）
- クラスタ分析の数値要約を行うと、クラスタの解釈についてヒントが得られることがある

第 2 章

視点を変えて
データを観察

- **2-1** 3次元散布図
- **2-2** 主成分分析
- **2-3** 主成分分析の仕組み

2-1 3次元散布図

　本で開催された万国博覧会のうち、3番目になる1985年の国際科学技術博覧会（通称「つくば科学万博」）は、その出展内容から、「映像万博」とも呼ばれました。大きなスクリーンに投影される3次元映像が目玉のパビリオンは、長い列ができるほどの人気でした。当時は万博ぐらいでしか見ることができなかった3次元映像も、いまでは、3D映画でごく普通に見られるようになっています。この節では、本題の主成分分析に入る前に、多変量データを3次元的に観察する道具である3次元散布図を紹介します。

さあ、どうぞ！

❶ 観察はやはり1変数から

「あれっ。いま、木枯らしが吹く音がしませんでしたか？いや、似ているけれど、木枯らしの音とは少し違うな…」

「『猫かわいがり』っていう言葉もありやすが、たまには他の動物のことも構ってやっておくんなさい」

2-1 3次元散布図

「アーミー君じゃないか！　いままでどこへ行っていたんだ。心配したよ。さっきの木枯らしに似た音は、その長い楊枝をアーミー君が吹き鳴らしていた音か。妙なものをくわえているね」

「へい。訳あっての旅鴉（たびがらす）。上州新田郷（にったごうり）まで足を運んでおりやした。この楊枝は、ただの癖ってもんで」

アーミーが長い楊枝を吹き鳴らすその音は、冬の夕暮れに吹き抜ける木枯らしに似て、ひどく寂しくもの哀しい音色であった。

「アーミー。妙な格好でどうしたのだ」

「堅気（かたぎ）の方にお聞かせするような理由じゃござんせん。あっしのような、マングースの仲間のミーアキャットが扱いづらいのは承知しておりやす。ただ、出てくる話がキャットフードのことばかりなのが気になりやして、舞い戻った次第でござんす」

「そ、それはそうだな。それでは、この章ではドッグフードのデータを使うことにしよう。マングースについてのデータは手元にないから、ドッグフードで勘弁してくれ」

2　視点を変えてデータを観察

操作2-1　ドッグフードデータの取り込み

1. 第1章1-1節の操作1-1の手順1から3までと同じ操作で、本書末尾に添付の付録1で作成した「多変量解析データセット」のフォルダを開く。

2. 「多変量解析データセット」のフォルダにある"ドッグフード（大きさ・成長段階別）"のデータファイルをダブルクリックして、ファイル内容を表示する。ファイル内容のすべてを選択して反転表示させ、反転表示させたデータの上でマウスを右クリックし、コピーを選ぶ。

3. 操作1-1の手順7と同じ操作で、Rコマンダーにデータファイルを取り込む際に使用するウィンドウを開く。ウィンドウの名前は、「ファイルまたはクリップボード、URLからテキストデー…」である。

4. 手順3で開いたウィンドウにおいて、「データセット名を入力:」の箇所にDogfood01と入力し、**データファイルの場所**では"クリップボード"に印をつけ、他は変更をせずに左下の OK をクリックする。

5. 操作説明図2-1のように、Rコマンダーのウィンドウのメニューの下にある「データセット:」の欄に **Dogfood01** と表示されれば取り込みは成功。また、Rコマンダーのウィンドウ上部にある データセットを表示 ボタンをクリックすると、データを表示したウィンドウが現れる。そのウィンドウを見て、データがきちんと取り込めていることを確認する。

操作説明図2-1

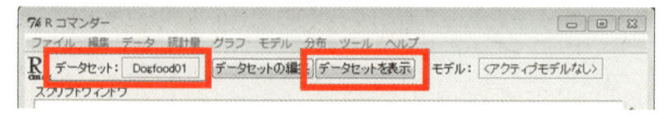

データ出典：ロイヤルカナン ジャポン合同会社
www.royalcanin.co.jp/breeder/pdf/productbook_breed_dog

2-1　3次元散布図

操作2-1を完了すると、第1章で使用したキャットフードと同じペットフード会社が製造しているドッグフードの成分表のデータが取り込まれます。このデータは、特に犬の大きさや成長段階を考慮して作られた製品についてのものです。各成分の計測単位は、第1章1-1節の表1-2と同じです。

「ここでも1変数ごとに観察することから始めるのでしょう？」

「そう。多変量データを扱うときは、面倒に思えても必ずそうする。ただし、ここではページ数が限られているから、1-1節の第1小節で観察したカルシウムとタンパク質を使って、手短に済ませることにしよう。ねこすけに教えてもらって、アーミーも一緒にやってごらん」

実習2-1

1. Dogfood01を構成する変数のうち、カルシウムとタンパク質それぞれについてヒストグラムと箱ひげ図を描き、各変数の特徴を大まかにつかんでください。
2. カルシウムとタンパク質以外で興味のある変数について、ヒストグラムと箱ひげ図を描き、特徴を大まかにつかんでください。

「結果は、図2-1の通りで」

図2-1　1変数ごとの観察結果

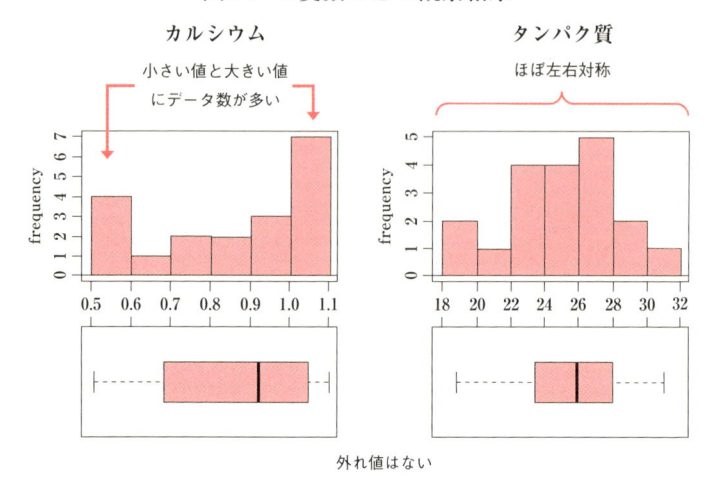

カルシウム

小さい値と大きい値にデータ数が多い

タンパク質

ほぼ左右対称

外れ値はない

平均	0.862
標準偏差	0.225
中央値	0.92
四分位範囲	0.365

平均	25.63
標準偏差	3.303
中央値	26.0
四分位範囲	4.5

「1-1節の第1項目と同じように、カルシウム、タンパク質、脂質の3変数の相関関係も調べてみます」

図2-2　3変数の相関関係

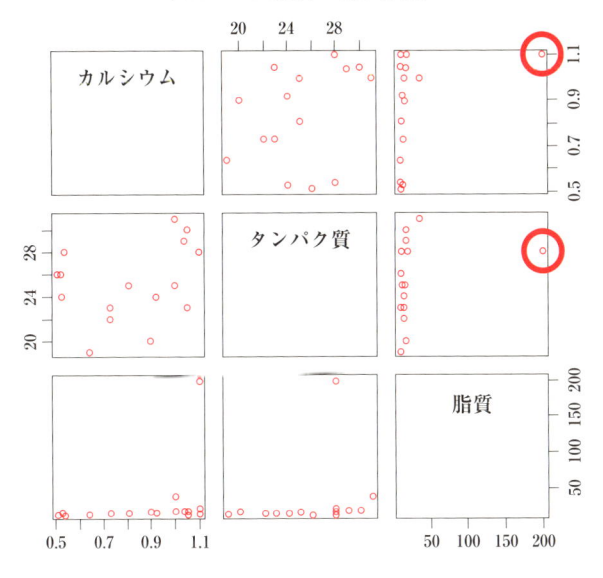

	カルシウム	タンパク質	脂質
カルシウム	1	0.40	0.32
タンパク質	*	1	0.24
脂質	*	*	1

「脂質に大きな外れ値があって、相関関係をゆがめている。赤色の丸印をつけたデータだ。ねこすけ、箱ひげ図を使って、脂質の大きな外れ値を急いで特定だ」

「箱ひげ図の外れ値特定機能を使ったら、外れ値はデータ番号3番だとわかりました。図2-3の通りです」

図2-3　脂質の変数の外れ値

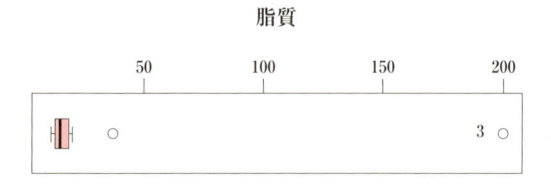

脂質

3番のデータ：小型犬子犬用、脂質＝200

「脂質の箱ひげ図を描いておかなかったのが失敗だった。こういうことがあるから、1変数ごとの観察を省いてはいかん。脂質の変数を使うとするならば、この外れ値に注意が必要だな」

「ねこすけさん。なかなか腕が立ちやすね」

「基本的な観察はこれくらいにして、新しい道具を使おう」

❷ 3次元散布図

「この章では、2-2節で取り上げる主成分分析という方法を学ぶことが主な目的だ。主成分分析は、多変量データの相関関係を利用する。そこで、データの相関関係を3次元的に観察できる方法を先に紹介しておこう」

操作2-2　3次元散布図の描き方

"カルシウム"、"タンパク質"、"ビタミンA"の3変数について描く場合を説明する。

1. メニューで、「グラフ」→「3次元グラフ」→「3次元散布図」と進む。操作説明図2-3の"3次元散布図"というウィンドウが開く。

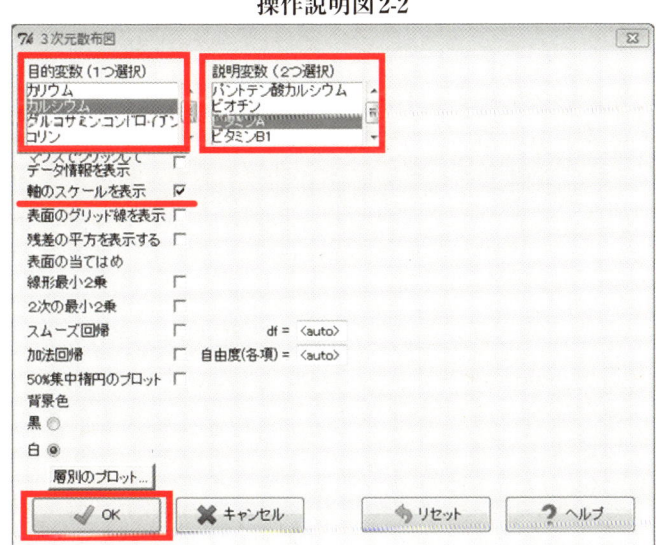

操作説明図2-2

2. "3次元散布図"のウィンドウ左上の**目的変数（1つ選択）**で"カルシウム"をクリックし、その右側にある**説明変数（2つ選択）**のウィンドウで"タンパク質"と"ビタミンA"をクリックし、反転表示させる。

3. 「軸のスケールを表示」にだけチェックマークを入れ、それ以外のチェックマークを外す。以上の設定が終了したら、左下にある OK のボタンをクリックする。

【注意】64-bit版のR上に組み込んだRコマンダーを使うと、手順3の操作終了直後にRが応答しなくなることがあります。操作2-2は、32-bit版のRを下敷きにしたRコマンダーで行ってください。

操作2-2を完了すると、RGL deviceというウィンドウが開いて、図2-4のグラフが描かれます。この図を**3次元散布図**といいます。「目的変数（1つ選択）」で選択した"カルシウム"が縦軸、「説明変数（2つ選択）」の欄で指定した中で上位にあった"タンパク質"が右方向に伸びる軸、下位にあった"ビタミンA"が手前方向に伸びる軸になります。

図2-4　3次元散布図

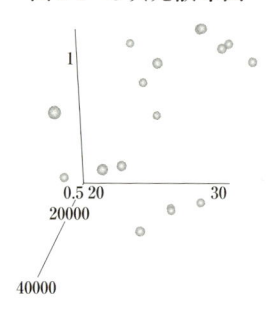

「3次元の世界を平面の図で表しておりやすから、奥行きがよくつかめねえ」

「安心しなさい。この3次元散布図は、拡大と縮小、それに、回転がマウス操作でできる」

操作2-3　3次元散布図の操作

　操作2-2にしたがってRGL-deviceのウィンドウに描かれた3次元散布図を対象にする。
- 縮小と拡大（ホイール付きマウスで有効）
　3次元散布図の中にマウスをあててマウスのホイールを回転させると、拡大と縮小ができる（図2-5参照）

2-1 3次元散布図

■ 回転
3次元散布図の中にマウスをあて、クリックをしたままマウスを動かすと、動かした方向に図を回転させることができる（図2-6参照）

図2-5　3次元散布図の拡大と縮小

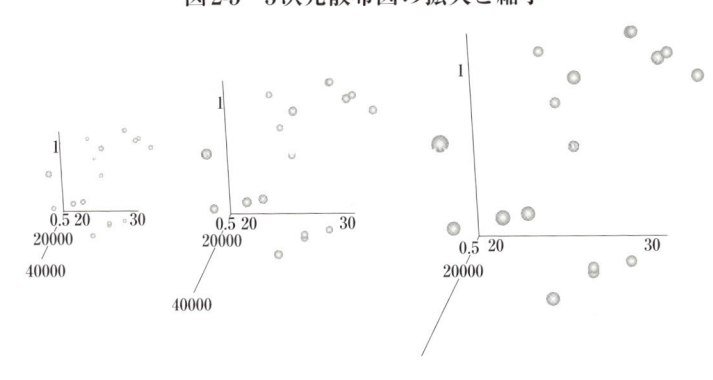

図2-6　3次元散布図の回転

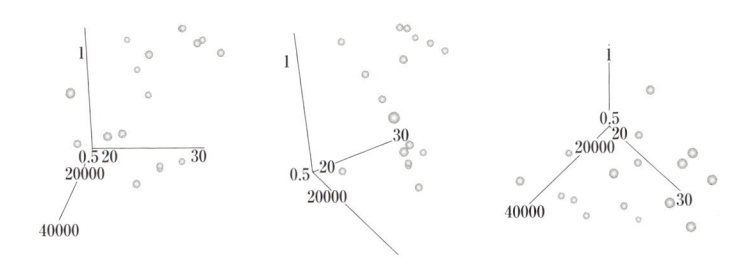

「拡大と縮小、それに回転を組み合わせて観察すると、3変数のデータのばらつき具合がよくわかります」

「特に回転をさせると、観察する角度によってデータのばらつき具合がかなり違うことがわかるだろう。次の節で扱う主成分分析

は、ばらつき具合に応じてデータを観察する視点を変えることを利用する。お絵かき気分で操作できるから、他の変数の組についても試してごらん」

実習2-2

　Dogfood01のデータの中から興味のある変数を3組選び、操作2-2にしたがって3次元散布図を描いてください。そして、操作2-3にならって、拡大と縮小、および、回転の操作を組み合わせて3次元散布図を観察し、データのばらつき具合を調べてください。

「データの位置関係がよくわかって、3次元散布図はなかなか便利でござんすね」

2-2 主成分分析

運動会の徒競走では、着順は後ろから数えた方が早い生徒。それが、水泳大会になると、河童のようになって断然トップでゴールインすることがあります。また、国語や算数（数学）の授業ではボーッとしている生徒が、図画工作や美術の時間で絵筆を握ったり粘土を手にしたりすると、目が輝いて、見事な作品を作ることもあります。これらのことは、しばしば語られるように、人のよいところは一面を見ているだけではわからないことの例かもしれません。ぱっと見ただけでは一体何であるのかわからない多変量データも、視点を変えて観察すると、その特徴が見えてくることがあります。

さあ、どうぞ！

❶ ばらつき具合の違いからデータの特徴をつかむ

「相関関係を調べるだけでは特徴が見えてこない多変量データについて、手がかりをつかむための方法の1つが第1章で学んだクラスタ分析だ。同じ目的でよく使われる分析方法に、主成分分析というものがある」

「クラスタ分析は、データの間の距離を使いました。主成分分析は、何を利用するのですか？」

「視覚的な表現を使うならば、多変量データのばらつき具合。数字の情報で言うならば、相関係数行列だ。相関係数行列が求められるデータならば基本的にどのようなデータに対しても使えるので、クラスタ分析と同じように、1変数ごとの観察や2変数の相関関係を調べた後、多変量データを丸ごと分析するときに最初に使われることも多い」

「ばらつき具合を手がかりにするとは、どういうことで？」

「第1小節の終わりで、『ばらつき具合に応じてデータを観察する視点を変えることを利用する』と先生はおっしゃいました」

「ばらつき具合をもとにして観察する視点を変えると、それまで見えなかったものが見えてくることがある。模式図を使って、これから行うことを説明しよう」

図2-7　データの分布の模式図

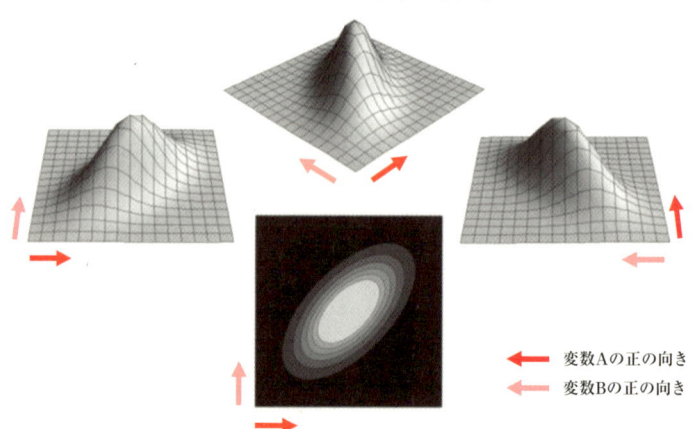

← 変数Aの正の向き
← 変数Bの正の向き

2-2 主成分分析

　2つの変数AとBのデータの分布が、模式的に図2-7のようであるとします。4つのグラフはすべて同じもので、上の3つは視点を変えたものです。中央下の図は、山の高さを等高線図にしたものです。それぞれの図における変数Aの正の向きを赤の矢印、変数Bの正の向きをうすい赤色の矢印で表しています。山が高いところは、データが数多く密集しているところで、山が低いところは、データがあまりないところです。

　「アーミー、変数Aと変数Bのそれぞれの軸の方向に沿って、模式図のデータの分布を観察してくれ。ばらつき具合について、何か違いがあるかな？」

　「図2-8の通りになりやすが、違いはないと言ってよござんしょう」

図2-8　もとからある変数の軸方向に沿って見たデータのばらつき

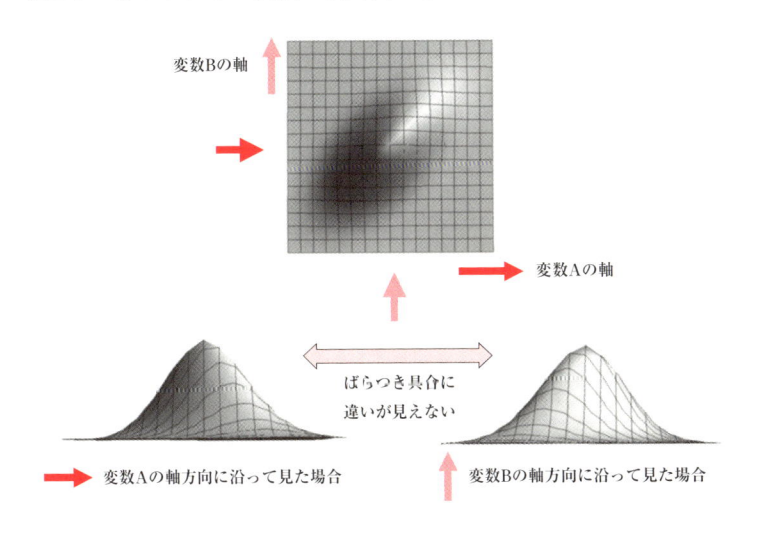

変数Aの軸と変数Bの軸を45度回転させて、図2-9のように、新しい軸Ⅰと軸Ⅱをとります。変数Aの軸と変数Bの軸は互いに垂直に交わっていますが、新しい軸Ⅰと軸Ⅱも互いに垂直に交わっています。数学では、互いに垂直に交わることを**直交**といいます。

「今度はどうだ？」

「軸Ⅰの方向の方が、軸Ⅱの方向に比べて分布の裾が長い。明らかに、軸Ⅰ方向の方が、ばらつき具合が大きくなってまさあ」

図2-9　新しい軸の方向に沿って見たデータのばらつき

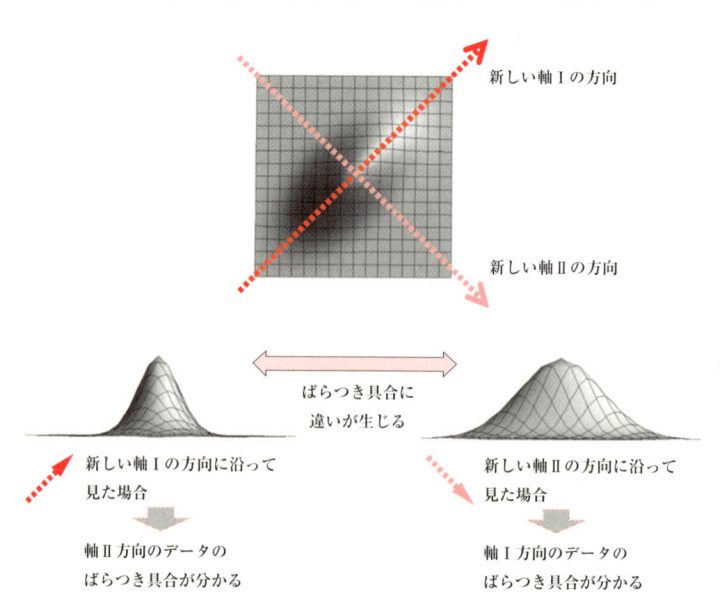

新しい軸Ⅰの方向

新しい軸Ⅱの方向

ばらつき具合に違いが生じる

新しい軸Ⅰの方向に沿って見た場合
→ 軸Ⅱ方向のデータのばらつき具合が分かる

新しい軸Ⅱの方向に沿って見た場合
→ 軸Ⅰ方向のデータのばらつき具合が分かる

「つまり、軸を取り替えてデータを見る視点を変えれば、ばらつき具合の大小の違いが見えてくるということですか。けれども、ばらつき具合の大小と多変量データの特徴をつかむことの間にどのような関係があるのか、ピンときません」

「データのばらつきが大きいと、データの間の違いを見つけやすくなる。例え話だが、アリが角砂糖に群がっているところを見ると、何匹のアリがいるのか数えることは難しい。ところが、もしも同じ数のアリが1メートル四方の範囲でばらばらに動いていたら、何匹いるのか数えることは簡単になるだろう」

「すると、ばらつきが大きいことは、小さいことよりもデータについての情報を多くもっていることになりやすね」

　ばらつきが最大の方向、すなわちデータの情報を最も多くもっている方向から始めて、互いに直交するように、順に新しい軸を取り直します。そして、ばらつきが大きい新しい軸の上位のいくつかを使って、新しい視点から多変量データを観察します。そのことによって多変量データの特徴をとらえようとするのが主成分分析の特徴の1つです。

❷ 使用する主成分数の決定

「およそのことはわかったと思うから、Dogfood01のデータを使って主成分分析を実行してみよう」

操作2-4　主成分の算出

　Dogfood01のデータで、EPA.DHA、カルシウム、タンパク質、ビタミンA、亜鉛の5変数を使う場合を説明する。

1. メニューで、「統計量」→「次元解析」→「主成分分析」と進む。操作説明図2-3の"主成分分析"というウィンドウが開く。

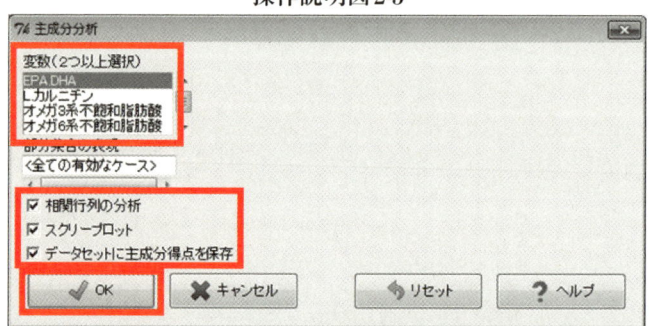

操作説明図2-3

2. **変数（2つ以上選択）**の欄で、[Ctrl]キーを押しながら"EPA.DHA"、"カルシウム"、"タンパク質"、"ビタミンA"、"亜鉛"の5つの変数を順にクリックして反転表示させる。

3. 「相関行列の分析」、「スクリープロット」、「データセットに主成分得点を保存」のすべてにチェックマークを入れ、左下の[OK]をクリックする。操作説明図2-4の"主成分の数"という名前の小さなウィンドウが開く。

4. **保存する主成分数：**の下のスライド・バーを右に動かし、保存する主成分数を2にする。その後、[OK]のボタンをクリックする。

操作説明図2-4

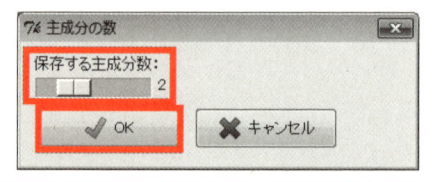

【参考】操作2-4は、EPA.DHA、カルシウム、タンパク質、ビタミンA、亜鉛の5変数を使う場合です。変数の組み合わせは変えることもできます。変数の数も3以上ならばよく、5に限る必要はありません。

2-2 主成分分析

操作2-4を実行すると、図2-10と表2-1の出力が得られます。図2-10を**スクリープロット**とよびます。また、表2-1は、Rコマンダーの下半分にある出力ウィンドウに数多く表示されるものの中で、特に一番下の出力を抜き出したものです。実際の出力の小数第4位を四捨五入しています。

【参考】スクリープロットのスクリーは英語のscreeのことです。screeには、「山崩れで崖になった」、「石塊のがらがらした急斜面の」という意味があります。スクリープロットの右下がりの段が、そのような斜面の印象を与えます。

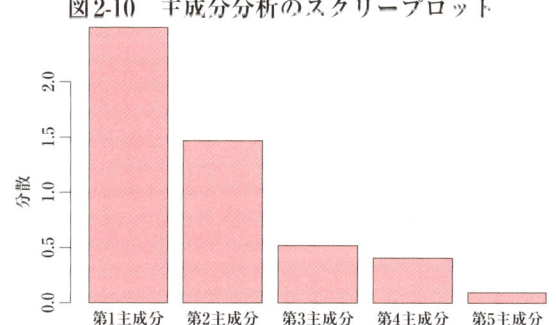

図2-10 主成分分析のスクリープロット

表2-1 主成分分析の寄与率と累積寄与率

	Comp.1 第1主成分	Comp.2 第2主成分	Comp.3 第3主成分	Comp.4 第4主成分	Comp.5 第5主成分
標準偏差	1.579	1.210	0.724	0.643	0.324
寄与率	0.499	0.293	0.105	0.083	0.021
累積寄与率	0.499	0.792	0.896	0.979	1.000

- Standard deviation ＝ 標準偏差
- Proportion of Variance ＝ 分散の総和に対して各分散が占める割合 ＝ 寄与率
- Cumulative Proportion ＝ 累積寄与率
- Comp. ＝ Principal Component（主成分）の略
- Variance ＝ 分散

「クラスタ分析の樹形図と違って、ぱっと見てわかる図と表ではありません。どのように見たらよいのか教えてください」

「まず表2-1の項目を簡単に説明しよう。表2-1から、図2-10のスクリープロットの説明ができる」

- ■ 主成分
- **主成分**は、視点を変えることによって得られた新しい軸の名前を表す。表2-1の場合、第1主成分から第5主成分まである。主成分の数は、分析に使用した変数と同じ数。
- 主成分は、次のように取られる。
  (ⅰ) データのばらつきが一番大きい方向に取られる軸が第1主成分
  (ⅱ) 第1主成分と直交するという条件のもとで、ばらつきが2番目に大きい方向に取られる軸が第2主成分
  (ⅲ) 以下、それまでに取られた軸と直交するという条件のもとで、ばらつきが3番目に大きい方向の軸が第3主成分、4番目が第4主成分、5番目が第5主成分
- 図2-9と関連づけると、第1主成分が新しい軸Ⅰ、第2主成分が新しい軸Ⅱにあたる。図2-9は2変数の場合なので、第3主成分から第5主成分に相当するものはない。

- ■ 寄与率と累積寄与率
- **寄与率**は、各主成分の軸方向のデータのばらつき具合がデータ全体のばらつき具合の何割を占めるかを表す。主成分の取り方に対応して、第1主成分から第5主成分へ向けて、値が順に小さくなる。
- ばらつきの大小はデータがもつ情報の多い少ないを表すので、寄与率は、各主成分がデータ全体に対してどれくらいの情報をもっているかを示す指標の役割を果たす。

- **累積寄与率**は、寄与率を第1主成分から順に足していったもの。例えば、第3主成分の累積寄与率は、第1、第2、第3主成分の各寄与率の和。

- ■ 標準偏差
  主成分の軸方向のデータのばらつき具合を表す。ばらつき具合が大きい順に第1主成分から第5主成分まで取られているので、標準偏差も第1主成分から第5主成分へ順に小さくなる。

標準偏差を2乗したものを**分散**といいます。標準偏差と同じく、分散は平均を中心としたデータのばらつき具合を表す指標です。

「スクリープロットの縦軸は分散です。すると、表2-1の各主成分の標準偏差を2乗した値を縦軸にとったものがスクリープロットですか？」

「そう。寄与率に換算する前の分散の値が棒グラフになっている。このグラフを見れば、各主成分の軸方向のばらつき具合の大きさ、つまり、各主成分がもつ情報の大きさがわかるのだ」

「ばらつき具合が大きい順に主成分をとっておりやすから、スクリープロットの棒グラフの高さは、確かに順に小さくなっていきやすね」

「他にも聞きたいことはあるだろうが、作業手順の説明を済ませてしまうことにする。次の手順に進もう。スクリープロットと累積寄与率の値を使って、主成分をいくつまで取るかを決める」

■ 使用する主成分数の決め方
次の基準にしたがって、第何主成分まで使うかを決定する。
- 累積寄与率がほぼ0.8（＝80%）に達するまでの主成分
- 累積寄与率がほぼ0.8に達するまでの各主成分の標準偏差が、それぞれ1より大きいことが望ましい
- 累積寄与率がほぼ0.8に達するまでの主成分と次の主成分との間に、スクリープロットで大きめの段差があればなおよい
- 累積寄与率は、そこまでの主成分でデータ全体がもつ情報の何割を説明できるかを示すものなので、スクリープロットに大きな段差があっても、そこまでの累積寄与率が小さすぎるとよくない。累積寄与率がおよそ80%に達するまでの主成分を取ることが目安

「図2-10と表2-1からは、第2主成分まで取ればよいと思います。累積寄与率は0.792で、ほぼ80%です。スクリープロットでも、第2主成分と第3主成分の間に大きな差があります」

【注意】操作2-4の操作説明図2-4で **保存する主成分数：** を2にしたのは、第2主成分までを使うことに対応しています。実際には、最初から使用する主成分数を決めることはできません。そこで、最初は、操作説明図2-3で「データセットに主成分得点を保存」にチェックマークを入れずに実行します。そして、スクリープロットや寄与率を見て使用する主成分数（＝データセットに保存する主成分得点の数）を決めた後、操作2-4の手順を再度実行して、今度は使用する主成分までの主成分得点を保存することになります。

「アリマ先生。データに対する視点を変えて、軸を取り直すだけではいけねえんで？」

「主成分分析は、ばらつきが大きい順に新しい軸を取り直し、さらに、なるべく少ない主成分を使って多変量データの特徴をつかもうというものなのだ」

ばらつき具合の大きさは、情報の大きさを意味しました。そこで、ばらつき具合が大きい方向から順に軸を取り直したことは、多変量データ全体に関してもっている情報が大きい軸を順に取り出したことを意味します。

すべての主成分を使ってしまうと、多変量データをもとのまま丸ごと扱っていることと変わりがありません。**主成分分析**は、多変量データがもつ情報をできるだけ損なうことなく、なるべく少ない主成分（＝視点を変えて得られた新しい軸）でデータのおよその姿をとらえようとする方法です。軸の数は数学では次元という概念と密接な関係があるので、主成分分析は、視点の変更による**次元縮約**の方法と言われます。

> **ポイント**
> - 視点を変えて取り直した主成分をもとに、なるべく少ない主成分で多変量データの特徴をとらえようとするのが主成分分析
> - 寄与率と累積寄与率、およびスクリープロットで、第何主成分まで取るかを決定

次元縮約の観点から、主成分を多く取り出しすぎることは意味がありません。さらに、次の第3小節で扱うように、取り出した主成分に対しては、意味づけ、つまり解釈を行います。取り出す主成分が多いと、主成分の解釈が難しくなります。そこで、実際の分析では、第2または第3主成分まで取ることが多いようです。

「使う主成分を決める手順までわかったところで質問があります。寄与率は、各主成分の軸方向のデータのばらつき具合が、全体のばらつき具合に占める割合を表すものという説明です。けれども、実際にばらつきとの関係がどのようになっているかわかりません」

「表2-1で、標準偏差と寄与率が一緒に表示されていることに何か関係があるんじゃねえんですかい」

「やるな、アーミー。そのとおりだ」

表2-1において、各主成分の標準偏差を2乗して分散に置き換え、それらを足し合わせると次のようになります。

$$(1.579)^2 + (1.210)^2 + (0.724)^2 + (0.643)^2 + (0.324)^2 = 5.000$$
$$(＝使用した変数の数)$$

分散もデータのばらつき具合を表す指標ですから、すべての主成分の分散を足し合わせた値の5は、データ全体のばらつき具合の総量です。そこで、例えば第1主成分と第2主成分の分散をばらつき具合の総量である5で割ると

$$\frac{(1.579)^2}{5} = 0.499, \quad \frac{(1.210)^2}{5} = 0.293$$

となり、それぞれの寄与率と一致します。つまり、寄与率は、各主成分の軸方向のデータのばらつき具合がデータ全体のばらつき具合の何割を占めるかを表しているのです。

❸ 主成分の解釈

「EPA.DHA、カルシウム、タンパク質、ビタミンA、亜鉛の5つの変数を使った場合は、第2主成分まで取ることになりました。次はどうしますか？」

2-2 主成分分析

🤠「第1章のクラスタ分析と同じことが待っている。使用する主成分について、意味づけ、つまり、解釈を与えるのだ。もっている情報が大きい上位の主成分に解釈を与えることによって、多変量データの特徴をつかむ」

🐱「解釈まで与えて、主成分分析は完結するのですね。クラスタ分析のときもかなり苦労しましたが、解釈を与えるのは大変そうです」

🤠「主成分負荷量という値とそれを図にしたものが、解釈を与える手がかりになる。残念ながらRコマンダーには主成分負荷量を求める機能がない。キーボード入力をするのも大変だから、用意した関数をコピーして操作を簡単にしよう」

操作2-5 主成分負荷量の計算

1. 「多変量解析データセット」のフォルダにある"主成分負荷量の計算（犬）"のファイルをダブルクリックして、ファイル内容を表示する。このファイルには、コピーしてR Consoleのウィンドウに貼り付けて実行するRの関数が9つ収められている。

2. "主成分負荷量の計算（犬）"のファイルの1番上にある次の部分（Rの関数）の上をマウスでドラッグして反転表示させる。

   original = data.frame(Dogfood01$EPA.DHA, Dogfood01$カルシウム, Dogfood01$タンパク質, Dogfood01$ビタミンA, Dogfood01$亜鉛)

   反転表示させた部分の上でマウスを右クリックし、表示される選択肢から「コピー」を選ぶ。

3. R Guiのウィンドウの中にあるR Consoleというウィンドウの適当な箇所をクリックして、このウィンドウをアクティブ・ウィンドウにす

る。操作説明図2-5のように、ウィンドウ内の一番下に右向き三角印 " ＞ " があり、その右側でカーソルが点滅していることを確認する。

操作説明図2-5

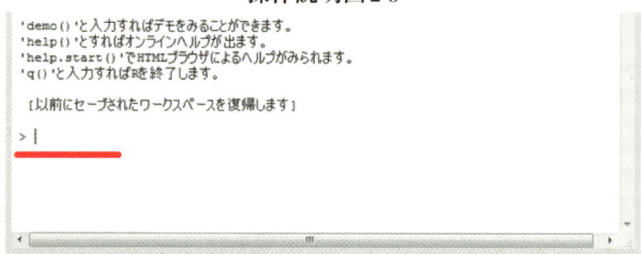

```
'demo()'と入力すればデモをみることができます。
'help()'とすればオンラインヘルプが出ます。
'help.start()'でHTMLブラウザによるヘルプがみられます。
'q()'と入力すればRを終了します。

[以前にセーブされたワークスペースを復帰します]

> |
```

4. 点滅しているカーソルの右脇あたりにマウスをあわせて右クリックをして、表示される選択肢から「ペースト」を選ぶ。操作説明図2-6のように、"主成分負荷量の計算（犬）"のファイルでコピーをした部分が貼り付けられる。ただし、貼り付けるRの関数が長いので、実際にはコピーした末尾の部分が表示されるはずである。

操作説明図2-6

```
'q()'と入力すればRを終了します。

[以前にセーブされたワークスペースを復帰します]

> original = data.frame(Dogfood01$EPA.DHA, Dogfood01$カルシウム, Dogfood01$
```

5. Enter キーを押すと、コピーをしたRの関数のすぐ下に、右向き三角印 " ＞ " が再び表示される。

【注意】右向き三角印 " ＞ " が表示されないときは、"主成分負荷量の計算（犬）"のファイルからRの関数をコピーする作業がうまくいっていない。その場合は、1の操作からやり直す。

6. ここまでの手順と同様にして、"主成分負荷量の計算（犬）"のファイルに行を空けて用意されている8つのRの関数（prin.loadまで）を、上から順にR Consoleのウィンドウにコピーし、コピーするたびに Enter キーを押す。

2-2 主成分分析

7. この後の操作2-6に備えて、得られた図をワードパッド等にコピーする。

操作2-5を完了すると、図2-11が表示され、R Consoleのウィンドウに表2-2の出力が得られます。図がつぶれた形で図2-11のように見えないときは、R Graphicsのウィンドウを上下左右に引き延ばしてください。また、表2-2の値は、実際の出力の小数第4位を四捨五入しています。

図2-11 主成分負荷量の図

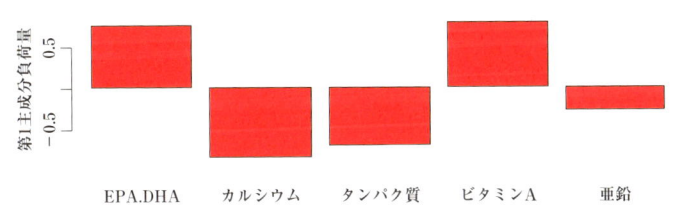

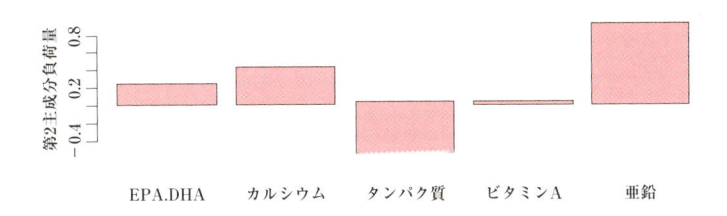

表2-2 主成分負荷量の値

	第1主成分	第2主成分
EPA.DHA	0.762	0.241
カルシウム	−0.831	0.436
タンパク質	−0.705	−0.580
ビタミンA	0.803	0.042
亜鉛	−0.281	0.938

「図2-11は表2-2を棒グラフにしたものであることはわかりやすいが、主成分負荷量ってのは、そもそも何のことで？」

各データ（Dogfood01では19製品のデータ）が、新しく得られた主成分の軸上で取る値を**主成分得点**と言います。主成分得点ともとの変数の相関係数が**主成分負荷量**です。

「主成分得点ともとの変数の相関係数が主成分負荷量だから、主成分負荷量を見ると、もとの変数が各主成分にどの程度反映されているかがわかる。どの変数が主成分に大きな影響を与えているかを手がかりにして、主成分の解釈を行う。役に立つ図がもう一つあるから描いておこう。バイプロットという図だ」

操作2-6　主成分得点と主成分負荷量のバイプロット

【注意】操作2-5がすでに完了していることを前提にする。操作2-5を行わずにいきなり以下の操作を行うと、エラーメッセージが出る。

1. 「多変量解析データセット」のフォルダにある"バイプロット描画（犬）"のファイルをダブルクリックして、ファイル内容を表示する。このファイルには、コピーしてR Consoleのウィンドウに貼り付けて実行するRの関数が4つ収められている。

2. 操作2-5と同じ方法で、"バイプロット描画（犬）"のファイルに行を空けて用意されている4つのRの関数を、上から順にR Consoleのウィンドウにコピーし、コピーするたびに Enter キーを押す。

操作2-6を完了すると、図2-12が表示されます。これを**バイプロット**とよびます。各データ（Dogfood01では19製品のデータ）の主成分得点を

散布図にし、それに主成分分析に使用した5つの変数の主成分負荷量を重ね書きしたものです。数字がデータ番号を表し、赤（本書都合上）矢印の先が各変数の主成分負荷量になります。図の上下左右の枠で表示されている軸の名前が異なることに注意してください。2つの散布図を重ねているので、このようなことが起きます。

【参考】バイプロットの"バイ"は、2つや2回を表す英語の接頭語biから来ています。

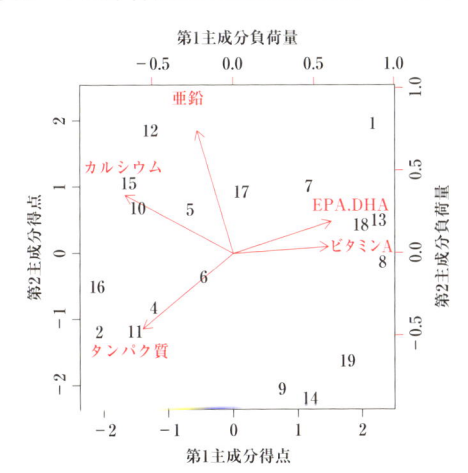

図2-12 主成分得点と主成分負荷量のバイプロット

「これで解釈を与える手がかりになるものはそろったわけですね。ところで、第1主成分の軸と第2主成分の軸は直交していました。解釈をつけるとき、その点に注意する必要はありますか？」

「よく気がついてくれた。主成分を解釈するときには、次の点に注意する必要がある」

- ■ 主成分を解釈するときの注意
  - ● 軸が直交していることは、それぞれの軸が互い無関係であることを意味する。したがって、主成分の解釈も、異なる主成分は互いに無関係な意味をもつようにする。
    【例】第1主成分を仮に「骨格形成が目的」と解釈したならば、第2主成分は例えば「毛並みの良さが目的」と解釈する。
  - ● 1つの主成分の中で、主成分負荷量の正負は、目的、効果、作用などの正負を表す。
    【例】正が「毛並みの良さに強い効果」ならば、負は「毛並みの良さに弱い効果」となる。
  - ● 主成分負荷量の正負は、解釈を与えるときの意味の正負まで考慮してつけられているわけではない。したがって、主成分負荷量の正負と意味づけにおける正負が逆転しても良い。
    【例】
    - 正 ⇒ 毛並みの良さに強い効果
    - 負 ⇒ 毛並みの良さに弱い効果

    という解釈が妥当であることもあれば、逆転した解釈
    - 正 ⇒ 毛並みの良さに弱い効果
    - 負 ⇒ 毛並みの良さに強い効果

    が妥当であることもあり得る。

「第1主成分は、EPA.DHAとビタミンAの主成分負荷量の値が正の方向で大きく、カルシウムとタンパク質が負の方向で大きくなっておりやす」

「解釈には栄養素の知識が必要です。辞典を引いてざっと調べてみます」

■ 栄養素の役割

- EPA.DHA
  血液の流れを良くして、血栓ができるのを防ぐ。したがって、動脈硬化、血栓症、高血圧症、心筋梗塞などの予防に有効。
- カルシウム
  骨や歯のもとになることに加え、興奮や緊張の緩和や、血液凝固、動脈硬化および高血圧症の予防に有効。
- タンパク質
  筋肉や臓器などを作る。また、心を安定させたり、脳の働きを良くしたりする効能もある。
- ビタミンA
  視力の低下を防いだり、体内の粘膜の健康を保ったりする働きがある。また、風邪などの感染症に対する抵抗力をつける効果もある。
- 亜鉛
  細胞や内臓組織の代謝に欠かせない多くの酵素の構成要素。全身の新陳代謝を高めたり、味覚や嗅覚を正常に保ったりする作用がある。

「なるほど。それで、第1主成分はどのように解釈する？」

「クラスタ分析のときと同じように難しいですが、次のように考えました」

- ■第1主成分の解釈の例（ねこすけ案）
  - ●解釈　体調の維持と管理
  - ●理由
    - (1) バイプロットを見ると、第1主成分負荷量が大きいEPA.DHAとビタミンAの方向にあるデータは、1、8、13、18、19番。Dogfood01のデータセットを表示させて、これらのデータが対象とする犬を調べると、次のようであることがわかる。
      - ➢ 1番＝子犬および妊娠・発情期の犬
      - ➢ 8,13,18番＝皮膚が敏感な犬（小型、中型、大型）と高齢犬
      - ➢ 19番＝適正体重の維持が難しい大型成犬
    - (2) EPA.DHAとビタミンAは、血流を良くしたり粘膜の健康を保ったりする栄養素。これらは、体調管理が難しい皮膚が敏感な犬、高齢犬、子犬、妊娠・発情期の犬の健康維持に重要なもの。

「ひとつの解釈ではなかろうか。第2主成分はどうだ？　タンパク質だけ負の値で、正の値が大きいのは亜鉛であることが特徴だ」

「ざっと、次のようなもんでござんしょう」

- ■第2主成分の解釈の例（アーミー案）
  - ●解釈　体そのものの成長
  - ●理由
    - (1) バイプロットを見ると、第2主成分負荷量が正で大きい亜鉛と負でやや大きいタンパク質の方向にあるデータは、1、2、9、11、12、14番。Dogfood01のデータセットを表示させて、これらのデータが対象とする犬を調べると、次のようであることがわかる。

> 1、2、11番＝子犬または妊娠・発情期の犬
> 9、14番＝適正体重の維持が難しい犬
12番の中型犬成犬は、共通項を見つけることが難しい。
(2) タンパク質は筋肉や臓器などを作り、亜鉛は細胞や内臓組織の代謝に欠かせない多くの酵素のもとになる。したがって、これらの栄養成分は、子犬や適正体重の維持が難しい犬（特に太りすぎ）の成育に特に関わりをもつ。

「ドッグフードの専門家ではないから断言はできないが、一理あるように思うな」

「やはり解釈は大変です。データ数が19個で、しかも変数の中に「対象とする犬」を表すものがありましたから、何とかなりました。データ数がもっと多くて、"対象"のような変数がなかったら、解釈はできないかもしれません」

「ねこすけさんが栄養素について調べてくれたことも、大いに役に立ちやした」

「主成分を求めて、第何主成分までを使うかを決めるところまでは、確かにそれほど難しくはない。しかし、実際問題として、主成分の解釈は簡単ではない問題だ」

　主成分分析は、第1章のクラスタ分析とともに、多変量データを丸ごと扱う方法としては入門的なものです。けれども、主成分の解釈を行うときには、そのデータの分野についてある程度の知識がどうしても必要です。そこで、主成分分析は、入門的なものでありながら、玄人向きの手法と言われることもあります。多変量データの分析が、それだけ難しいということでもあります。

> **ポイント**
> - 選んだ主成分に対する解釈まで行って、主成分分析は完結
> - 解釈のヒントは、主成分負荷量とバイプロット
> - 主成分は互いに直交するので、与える解釈も互いに無関係。すなわち、異なる主成分同士で主成分の意味づけが重複しないようにする
> - 主成分の符号の違いは、意味が逆転することを表す

実習2-3

　第1章の実習1-3で使用し、すでにRコマンダーに取り込んだCatfood02を再利用して、"カルシウム"、"脂質"、"食物繊維"、"鉄"の4つの変数を使った主成分分析を実行してください。そして、主成分分析を使うと、Catfood02についておよそどのようなことがわかるかを検討してください。

　操作としては、次の手順を実行することになります。

(1) Catfood02を分析対象のデータとして呼び出し
(2) 指定された変数を使って、主成分と寄与率を計算（操作2-4）。ただし、最初は主成分得点の保存はしない
(3) スクリープロット、寄与率、および累積寄与率から、第何主成分まで使用するかを決定
(4) 同じ変数で再度主成分分析を実行し、今度は使用する主成分数の主成分得点を保存
(5) 主成分負荷量の計算（「多変量解析データセット」のフォルダにある"主成分負荷量の計算（猫）"のファイルを使用し、操作2-5の手順で進める）
(6) 主成分得点と主成分負荷量のバイプロットを描く（「多変量解析データセット」のフォルダにある"バイプロット描画（猫）"のファイルを使用し、操作2-6の手順で進める）

【参考】主成分分析にかけるデータに欠損値（NAで表される）があると、主成分分析が実行できません。実習2-3で選んだ4つの変数は、いずれも欠損値を含まず、また、大きな外れ値を含まないことを基準に選んでいます。
　Rコマンダーでは、欠損値を計算対象から除外することができません。例えば、Dogfood01のときと同じ"EPA.DHA"、"カルシウム"、"タンパク質"、"ビタミンA"、"亜鉛"の5つの変数を使って主成分分析を実行しようとすると、"EPA.DHA"に欠損値が1つあることが障害になります。データ番号10番が原因です。Catfood02のデータファイルからデータ番号10番の行をすべて削除し、ファイル名を例えばCatfood02bに変更してRコマンダーに取り込めば、"EPA.DHA"を使った主成分分析も可能です。
　ただし、この場合も、事前に1変数ごとの観察や2変数の相関関係をきちんと調べて、大きな外れ値がないことを確認する必要があります。大きな外れ値があると、主成分分析は実行できても、適切な結果が得られないことがあります。

「『ねこすけさん』という他人行儀な呼び方。なんとかならないかな」

2-3 主成分分析の仕組み

大工にとって寸法を測るのに欠かせない道具は曲尺(かね じゃく)。1966年の改正計量法で和裁職人が使っていた鯨尺(くじらじゃく)とともに使用が禁止されたとき、建築と和裁の現場はたいそう困惑しました。もっとも、熟練の大工の網膜には曲尺が焼き付いていて、ものを見た瞬間に寸法がほぼ正確にわかるそうです。主成分分析でデータのばらつき具合から主成分の軸を順に決めていくとき、同じデータについては誰が計算しても同じ軸に決まるように、大工の曲尺にあたる道具が必要です。数学で行列を学ぶときに意識されることはほとんどありませんが、実は、行列の固有値と固有ベクトルが、その道具になります。

さぁ、どうぞ！

❶ 散布図で主成分の軸の方向を考える

「いまひとつ合点がいかないことがあるんで。先生は、データのばらつきが大きい方向から順に主成分の軸を取っていくと言いなすった」

「そう。ばらつきが一番大きい方向が第1主成分の軸。ばらつきが2番目に大きい方向が第2主成分の軸」

「およそのことはそれでようござんすが、主成分の軸は、データからどのように決まるんで？」

2-3 主成分分析の仕組み

🤠「実は、きちんとした説明をしようとすると、行列の固有値と固有ベクトルという考え方を持ち出す必要がある」

🐱❓「固有値と固有ベクトル？ 頭が痛くなりそうな言葉がまた出て来ました」

🤠「主成分分析で使う行列は、3行3列以上の相関係数行列、つまり、3変数以上を対象にした相関係数行列でないと意味がない。次元縮約が主成分分析の特徴だからな。けれども、3変数以上の行列になると図を使った直感的な説明をすることが難しいから、2変数の場合を取り上げる。手始めに、Dogfood01のデータを使った図2-13を見て考えよう。相関係数は、小数第4位を四捨五入してある」

図2-13 標準化をした2変数の散布図

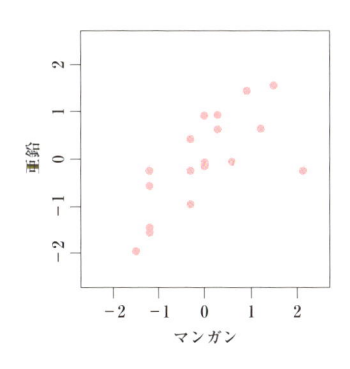

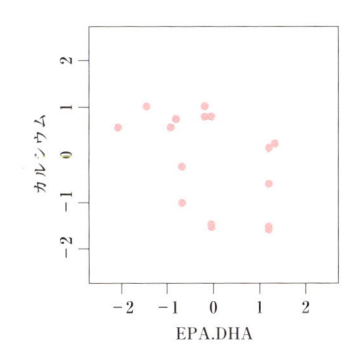

表2-3 2変数の相関係数行列

	マンガン	亜鉛
マンガン	1	0.689
亜鉛	0.689	1

	EPA.DHA	カルシウム
EPA.DHA	1	−0.461
カルシウム	−0.461	1

「マンガンと亜鉛、それに、EPA.DHAとカルシウムの相関関係を見るものでござんすね」

図2-13の散布図は、もとのデータによるものではなく、平均を引いたものを標準偏差で割って得られる標準化したデータのものです。

【参考】2つの変数の数値型データ x_1、x_2、…、x_n と y_1、y_2、…、y_n について、それぞれの平均を m_x と m_y、標準偏差を s_x と s_y で表す。すなわち、

$$m_x = \frac{1}{n}(x_1 + x_2 + \cdots + x_n), \quad m_y = \frac{1}{n}(y_1 + y_2 + \cdots + y_n),$$

$$s_x = \sqrt{\frac{1}{n-1}\{(x_1 - m_x)^2 + (x_2 - m_x)^2 + \cdots + (x_n - m_x)^2\}}$$

$$s_y = \sqrt{\frac{1}{n-1}\{(y_1 - m_y)^2 + (y_2 - m_y)^2 + \cdots + (y_n - m_y)^2\}}$$

である。このとき、相関係数 r は、次の式で計算する。

$$r = \frac{1}{n-1} \cdot \frac{(x_1 - m_x)(y_1 - m_y) + \cdots + (x_n - m_x)(y_n - m_y)}{s_x s_y}$$

$$= \frac{1}{n-1}\left\{\frac{x_1 - m_x}{s_x} \cdot \frac{y_1 - m_y}{s_y} + \cdots + \frac{x_n - m_x}{s_x} \cdot \frac{y_n - m_y}{s_y}\right\}$$

中括弧の中に表れる次の式を、**データの標準化**（**基準化**）とよぶ。

$$\frac{x_i - m_x}{s_x}, \quad \frac{y_i - m_y}{s_y} \quad (i = 1, 2, \cdots, n)$$

つまり、各データから平均を引いたものを、標準偏差で割る操作のことである。

相関係数の計算式からわかるように、相関係数は標準化されたデータから求められる。図2-13は、相関係数行列にきちんと対応させるために、もとのデータではなく、標準化したデータの散布図になっている。

「2-2節で説明したように、データのばらつきが一番大きい方向に第1主成分の軸をとる。次に、2番目にばらつきが大きい

方向で、しかも第1主成分の軸と直交するように、第2主成分の軸を取る。ねこすけ。目分量でいいから、第1主成分の軸、第2主成分の軸と思われる方向を、図2-13に書き入れてみなさい」

「軸の取り方の基準がわからないので、本当に目分量で矢印を書き込みました。図2-14のようになります。長い矢印が第1主成分の軸になると思われる方向です。軸を取ることだけが問題ならば方向は逆でもいいので、点線で逆向きの矢印もつけておきました」

図2-14　ねこすけが判断したばらつき具合の大小の方向

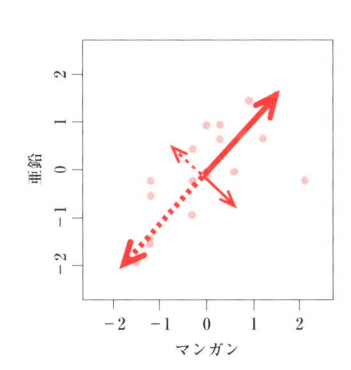

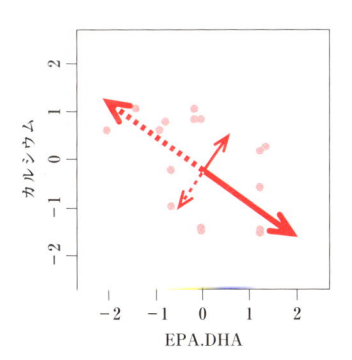

　図2-13の例では2つの変数しか使っていないので、第2主成分までしかとることができません。したがって、第2主成分の軸の方向は、ばらつきが最も小さい方向で、しかも第1主成分の軸と直交する方向になります。

「堅気のねこすけさんには失礼さんにござんすが、あっしが書き入れるとしたら、EPA.DHAとカルシウムの散布図では、矢印をもう少し時計回りの向きへ回しやす」

「分析する猫やミーアキャットや人によって違ってしまっては困る。したがって、ばらつきの大小をきちんととらえて、しかも異なる主成分の軸が互いに直交するようにできる道具を使う必要がある。そこで出てくるのが、相関係数行列に対する固有値と固有ベクトルなのだ」

❷ 相関係数行列の固有値と固有ベクトル

「表2-3のマンガンと亜鉛の相関係数行列を使って説明しよう」

マンガンと亜鉛の相関係数行列を、数学で使う行列の記号で表すと、$\begin{pmatrix} 1 & 0.689 \\ 0.689 & 1 \end{pmatrix}$ と書けます。一般論として、2変数の相関係数を r とすると、2変数の相関係数行列は、$\begin{pmatrix} 1 & r \\ r & 1 \end{pmatrix}$ の形をしています。ただし、$-1 \leq r \leq 1$ です。このとき、次のように用語を定めます。

与えられた相関係数行列に対して、方程式

$$\begin{pmatrix} 1 & r \\ r & 1 \end{pmatrix} \begin{pmatrix} x_1 \\ x_2 \end{pmatrix} = \lambda \begin{pmatrix} x_1 \\ x_2 \end{pmatrix}$$

をみたす実数 λ を、相関係数行列に関する**固有値**とよぶ。また、$\begin{pmatrix} x_1 \\ x_2 \end{pmatrix}$ を、その固有値に対応する**固有ベクトル**とよぶ。特に、制約

$$x_1^2 + x_2^2 = 1 \quad (\Leftrightarrow ベクトルの大きさが1)$$

をみたす固有ベクトルを、**単位固有ベクトル**とよぶ。

2-3 主成分分析の仕組み

「注意をいくつか挙げておこう」

- 高校で学ぶベクトルは (x_1, x_2) と横に書く**行ベクトル**が普通であるが、行列の固有値と固有ベクトルを扱うときは、縦書き $\begin{pmatrix} x_1 \\ x_2 \end{pmatrix}$ の**列ベクトル**にするのが一般的
- λ はラムダと読み、固有値を表す記号として使う
- 相関係数行列によっては、$\begin{pmatrix} x_1 \\ x_2 \end{pmatrix} = \begin{pmatrix} 0 \\ 0 \end{pmatrix}$（**零ベクトル**）となることもあるが、零ベクトルは固有ベクトルとして認めない。つまり、固有ベクトルの定義から除外
- 固有値が λ_0 であり、それに対応する固有ベクトルが $\begin{pmatrix} a_1 \\ a_2 \end{pmatrix}$ であるとき、$-\begin{pmatrix} a_1 \\ a_2 \end{pmatrix} = \begin{pmatrix} -a_1 \\ -a_2 \end{pmatrix}$ も λ_0 に対応する固有ベクトルになる。$\begin{pmatrix} a_1 \\ a_2 \end{pmatrix}$ と $-\begin{pmatrix} a_1 \\ a_2 \end{pmatrix}$ は、向きが180度正反対のベクトル

マンガンと亜鉛の組み合わせを考えて、$r = 0.689$ とします。この場合、前のページの赤囲みの中の行列とベクトルに関する方程式を行列演算の規則にしたがって連立方程式の形で書き換えると、次のようになります。

$$\begin{cases} x_1 + 0.689 x_2 = \lambda x_1 \\ 0.689 x_1 + x_2 = \lambda x_2 \end{cases} \Leftrightarrow \begin{cases} (1 - \lambda) x_1 + 0.689 x_2 = 0 \\ 0.689 x_1 + (1 - \lambda) x_2 = 0 \end{cases}$$

右の連立方程式は、左の連立方程式における右辺を左辺へ移項した結果です。

「高校で勉強する消去法で連立方程式を解いて固有値と固有ベクトルを求めたら、次の結果が得られました。固有ベクトルは、長さが1の単位固有ベクトルにしてあります」

■ マンガンと亜鉛の相関係数行列を対象

● 固有値 $\lambda = 1.689$、対応する単位固有ベクトル $u_1 = \begin{pmatrix} \frac{\sqrt{2}}{2} \\ \frac{\sqrt{2}}{2} \end{pmatrix}$

● 固有値 $\lambda = 0.311$、対応する単位固有ベクトル $u_2 = \begin{pmatrix} \frac{\sqrt{2}}{2} \\ -\frac{\sqrt{2}}{2} \end{pmatrix}$

【注意】どちらの固有値についても、符号を反転させた $-u_1$ と $-u_2$ も、それぞれの固有値に対応する固有ベクトル

「図2-13にあるもう1つの相関係数行列、つまりEPA.DHAとカルシウムの相関係数行列を使うと、$r = -0.461$ なので、固有値と固有ベクトルを求める方程式は次のようになる。アーミー、ねこすけと同じように解いてみなさい」

$$\begin{pmatrix} 1 & -0.461 \\ -0.461 & 1 \end{pmatrix} \begin{pmatrix} x_1 \\ x_2 \end{pmatrix} = \lambda \begin{pmatrix} x_1 \\ x_2 \end{pmatrix}$$

「方程式を解くのも、一宿一飯(いっしゅくいっぱん)の恩義ってもんで」

■ EPA.DHAとカルシウムの相関係数行列を対象

● 固有値 $\lambda = 1.461$、対応する単位固有ベクトル $v_1 = \begin{pmatrix} \frac{\sqrt{2}}{2} \\ -\frac{\sqrt{2}}{2} \end{pmatrix}$

● 固有値 $\lambda = 0.539$、対応する単位固有ベクトル $v_2 = \begin{pmatrix} \frac{\sqrt{2}}{2} \\ \frac{\sqrt{2}}{2} \end{pmatrix}$

【注意】どちらの固有値についても、符号を反転させた$-v_1$と$-v_2$も、それぞれの固有値に対応する固有ベクトル

「マンガンと亜鉛、EPA.DHAとカルシウムのそれぞれの散布図に、固有ベクトルを書き込んだものが図2-15だ。矢印の長さが固有値の比をできる限り反映するように、単位固有ベクトルを定数倍してある」

図2-15　相関係数行列の固有ベクトルが指す方向

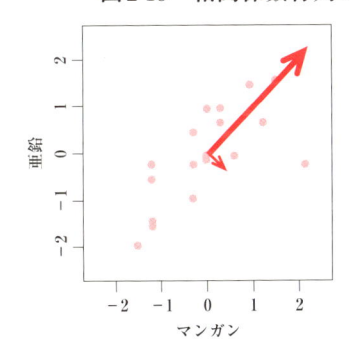

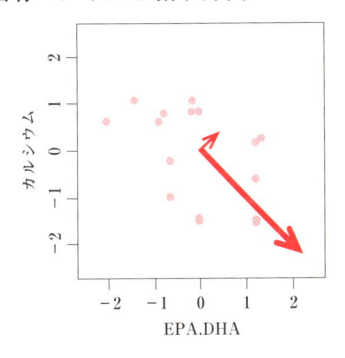

「図2-14とよく似てまさあ。どっちの散布図にしても、次のことがわかりやす」

- 大きい方の固有値に対応する固有ベクトルの向き
　　　　＝データのばらつき具合が一番大きい方向
- 小さい方の固有値に対応する固有ベクトルの向き
　　　　＝データのばらつき具合が2番目に大きい方向
　（2変数なので、ばらつき具合が一番小さい方向でもある）

「図2-15が示す矢印の方向に沿って直線を引いて、軸を書き込んだものが図2-16だ」

図2-16 主成分の軸

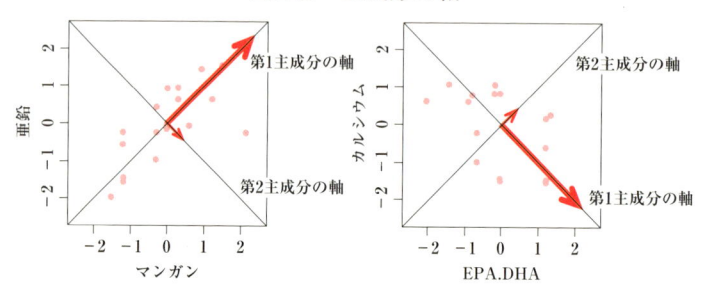

「ばらつき具合が大きい方向の順に、第1主成分の軸、第2主成分の軸になっています。主成分の軸が互いに直交していることも図からわかります」

「軸を決める単位固有ベクトルの内積を計算してもいい。高校で学ぶように、2つのベクトルの内積が0ならば、それらは互いに直交している。直交するベクトルの方向に沿って得られる軸は、もちろん、互いに直交だ」

マンガンと亜鉛の組み合わせでは、ベクトル u_1 と u_2 の内積。EPA.DHAとカルシウムの組み合わせでは、ベクトル v_1 と v_2 の内積を計算します。

$$u_1 \cdot u_2 = \begin{pmatrix} \frac{\sqrt{2}}{2} \\ \frac{\sqrt{2}}{2} \end{pmatrix} \cdot \begin{pmatrix} \frac{\sqrt{2}}{2} \\ -\frac{\sqrt{2}}{2} \end{pmatrix} = \frac{\sqrt{2}}{2} \times \frac{\sqrt{2}}{2} + \frac{\sqrt{2}}{2} \times \left(-\frac{\sqrt{2}}{2}\right) = \frac{1}{2} - \frac{1}{2} = 0$$

$$v_1 \cdot v_2 = \begin{pmatrix} \frac{\sqrt{2}}{2} \\ -\frac{\sqrt{2}}{2} \end{pmatrix} \cdot \begin{pmatrix} \frac{\sqrt{2}}{2} \\ \frac{\sqrt{2}}{2} \end{pmatrix} = \frac{\sqrt{2}}{2} \times \frac{\sqrt{2}}{2} + \left(-\frac{\sqrt{2}}{2}\right) \times \frac{\sqrt{2}}{2} = \frac{1}{2} - \frac{1}{2} = 0$$

いずれにおいても内積の値が0なので、軸を決める2つの固有ベクトルは互いに直交しています。

「すると、固有値が大きい順に、対応する固有ベクトルの向きへ軸を取っていけば、第1主成分の軸、第2主成分の軸と順に決めることができるわけですかい」

「その通り。変数の組が決まれば相関係数行列も1つに決まる。そして、相関係数行列の固有値と固有ベクトルを使って軸を決めていけば、誰でも同じ主成分の軸が得られる」

「先生。奇妙なことに気がつきました。マンガンと亜鉛の組み合わせでも、EPA.DHAとカルシウムの組み合わせでも、単位固有ベクトルは $\begin{pmatrix} \frac{\sqrt{2}}{2} \\ \frac{\sqrt{2}}{2} \end{pmatrix}$ と $\begin{pmatrix} \frac{\sqrt{2}}{2} \\ -\frac{\sqrt{2}}{2} \end{pmatrix}$ です。どちらが第1主成分の軸を決めるかについては、役割は入れ替わっていますが」

「実は、それは2変数だけを使って主成分分析を行った場合の特殊な結果なのだ」

2変数の場合、相関係数を r とすると、固有値と単位固有ベクトルを求めるには、次の方程式を解くことになる。

$$\begin{pmatrix} 1 & r \\ r & 1 \end{pmatrix} \begin{pmatrix} x_1 \\ x_2 \end{pmatrix} = \lambda \begin{pmatrix} x_1 \\ x_2 \end{pmatrix}, \quad x_1^2 + x_2^2 = 1 \Leftrightarrow \begin{cases} (1-\lambda)x_1 + rx_2 = 0 \\ rx_1 + (1-\lambda)x_2 = 0 \\ x_1^2 + x_2^2 = 1 \end{cases}$$

高校で学ぶ3元連立方程式の解法にしたがって、文字を1つずつ消去しながら上の方程式を解く。λ を含む2つの方程式から

$$\lambda = 1 + r, \ x_1 = x_2 \quad \text{または} \quad \lambda = 1 - r, \ x_1 = -x_2$$

なので、

● $\lambda = 1 + r$ のとき

$$\begin{pmatrix} x_1 \\ x_2 \end{pmatrix} = \begin{pmatrix} \frac{\sqrt{2}}{2} \\ \frac{\sqrt{2}}{2} \end{pmatrix} \quad \text{または} \quad \begin{pmatrix} -\frac{\sqrt{2}}{2} \\ -\frac{\sqrt{2}}{2} \end{pmatrix} = -\begin{pmatrix} \frac{\sqrt{2}}{2} \\ \frac{\sqrt{2}}{2} \end{pmatrix}$$

● $\lambda = 1 - r$ のとき

$$\begin{pmatrix} x_1 \\ x_2 \end{pmatrix} = \begin{pmatrix} \frac{\sqrt{2}}{2} \\ -\frac{\sqrt{2}}{2} \end{pmatrix} \quad \text{または} \quad \begin{pmatrix} -\frac{\sqrt{2}}{2} \\ \frac{\sqrt{2}}{2} \end{pmatrix} = -\begin{pmatrix} \frac{\sqrt{2}}{2} \\ -\frac{\sqrt{2}}{2} \end{pmatrix}$$

このように、単位固有ベクトルは、相関係数 r の値に依存しないで決まる。3変数以上の場合は、通常、r の値に依存する。

「もう1つ確かめておきたいことがあります。1つの固有値について、プラスとマイナスの符号が異なる2つの固有ベクトルが得られました。その点は大丈夫なのですか？」

「そいつぁ、ねこすけさん。符号が変われば固有ベクトルが180度正反対を向くだけでござんすから、図2-17のように、軸を決める上では問題ないんでさあ。図2-14を描いたときに、ねこすけさんも自分で逆向きの矢印を書き込んでおりやすぜ」

図2-17 符号違いの固有ベクトルと主成分の軸の関係

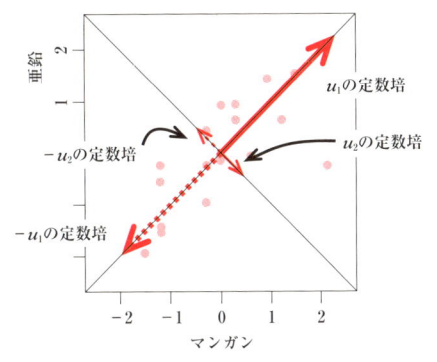

「旅鴉をしていた割には、なかなかやるじゃないか。」

ポイント

- 主成分の軸は、相関係数行列の固有値と固有ベクトルによって決まる
- 最も大きい固有値に対応する固有ベクトルの向きに沿って引いた直線が第1主成分の軸。2番目に大きい固有値に対応する固有ベクトルの向きに沿って引いた直線が第2主成分の軸
- 固有ベクトルは互いに直交するので、固有ベクトルの方向に沿って求めた主成分の軸も互いに直交

❸ 固有値と主成分の寄与率

「主成分の軸が相関係数行列の固有ベクトルから決まることはわかったと思う。そこで、次に、主成分の寄与率と固有値の関係を見ておきたい。そのために、次の操作を行う」

操作2-7　主成分得点の計算

1. Dogfood01を対象に、メニューで「統計量」→「次元解析」→「主成分分析」と進む。操作説明図2-7の"主成分分析"というウィンドウが開く。

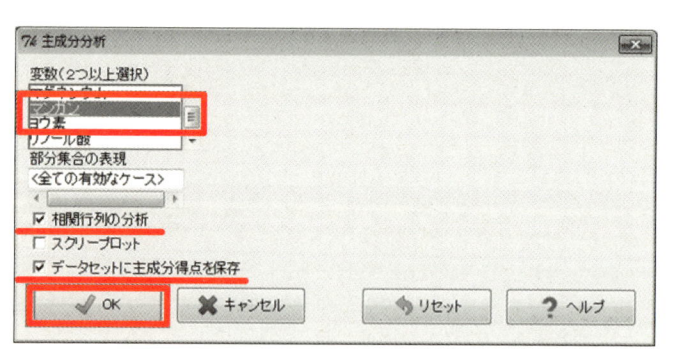

操作説明図2-7

2. **変数（2つ以上選択）**の選択欄で、Ctrlキーを押しながら"マンガン"と"亜鉛"をクリックし、反転表示させる。

3. OKボタンの上のところで、「相関行列の分析」と「データセットに主成分得点を保存」の2カ所だけにチェックマークを入れる。その上でOKボタンをクリックすると、操作説明図2-8の"主成分の数"という名前の小さなウィンドウが開く。

4. **保存する主成分数**：の下のスライド・バーを右に動かし、保存する主成分数を2にする。その後、OKのボタンをクリックする。

2-3 主成分分析の仕組み

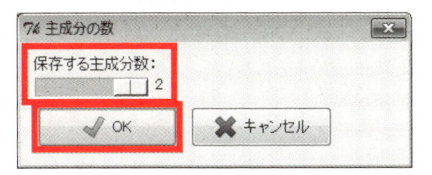

操作説明図2-8　　　　　　　　　操作説明図2-9

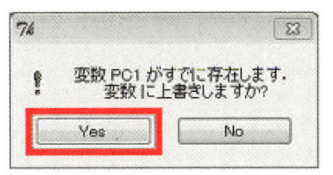

5. 事前に操作2-4を終えていると、ほぼ確実に操作説明図2-9のウィンドウが開き、変数PC1について上書きするかどうかを問うてくる。Yesをクリックして上書きする。直後に変数PC2についても問われるが、やはりYesを選択して上書きする。

6. Rコマンダーのウィンドウの上部中央にあるデータセットを表示のボタンをクリックする。Dogfood01のデータ内容が表示される。変数名（Dogfood01では栄養成分名）の一番右に、"PC1"と"PC2"という変数が追加されていることを確認する。

2-1節でも取り上げたように、**主成分得点**とは、各データ（Dogfood01では19製品のデータ）が、新しく得られた主成分の軸上でとる値を表します。操作2-7では、"マンガン"と"亜鉛"の2変数を使って主成分分析を行ったときの第1主成分得点が"PC1"、第2主成分得点が"PC2"として得られます。

実習2-4

操作2-7で得られた2つの主成分得点"PC1"と"PC2"それぞれについて、ヒストグラムと箱ひげ図を描いてください。また、数値要約機能を使って、各主成分得点の平均と標準偏差、および、中央値と箱ひげ図を求めてください。そして、主成分得点にどのような特徴があるかを観察してください。

「実習2-4で得られた図と数字の出力は、図2-18と表2-4のようになりました。2つの主成分得点の分布が比較しやすいように、図では横軸と縦軸の目盛りをそろえています」

図2-18　主成分得点の分布

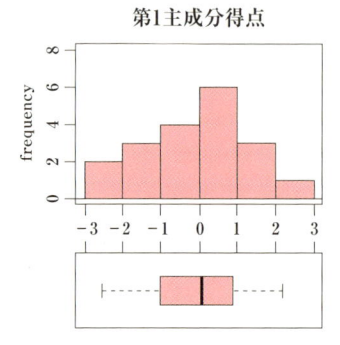

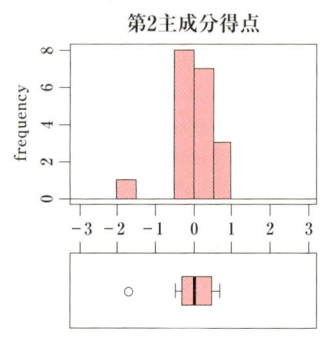

表2-4　主成分得点の数値要約

	第1主成分得点	第2主成分得点
平均	8.82×10^{-16}	8.60×10^{-16}
標準偏差	1.335	0.573
中央値	0.102	0.026
四分位範囲	1.893	0.758

図2-18と表2-4はマンガンと亜鉛の変数を使った主成分分析による主成分得点についての結果です。EPA.DHAとカルシウムの変数を使った主成分分析でも、主成分得点の分布について同じような結果が得られます。

「平均も中央値も0とみてようございんすね。標準偏差を見ても、四分位範囲を見ても、第1主成分得点の方が大きくなっておりやす」

2-3 主成分分析の仕組み

「これは、データのばらつき具合が大きい順に主成分の軸がとられていることに、きちんと対応しています」

「主成分得点のばらつきの大きさと固有値との関係を見ることにする。少し理屈をこねる」

---

n個の数値型データ$x_1, x_2, \cdots, x_n$が得られたとき、その平均と標準偏差は、次の式で計算する。

- 平均　$m = \dfrac{1}{n}(x_1 + x_2 + \cdots + x_n)$

- 標準偏差　$s = \sqrt{\dfrac{1}{n-1}\{(x_1 - m)^2 + (x_2 - m)^2 + \cdots + (x_n - m)^2\}}$

標準偏差を2乗した次の量を**分散**といい、標準偏差と同じく、データのばらつき具合を測る指標として使われる。

- （不偏）分散　$s^2 = \dfrac{1}{n-1}\{(x_1 - m)^2 + (x_2 - m)^2 + \cdots + (x_n - m)^2\}$

このように$n-1$で割って求める分散を、特に**不偏分散**とよぶ。

分散および標準偏差の計算式にはもう1つの流儀があり、次の式のように、$n-1$ではなくデータ数のnで割る方法もある。

- 分散　$s^2 = \dfrac{1}{n}\{(x_1 - m)^2 + (x_2 - m)^2 + \cdots + (x_n - m)^2\}$

- 標準偏差　$s = \sqrt{\dfrac{1}{n}\{(x_1 - m)^2 + (x_2 - m)^2 + \cdots + (x_n - m)^2\}}$

Rコマンダーで標準偏差（sd）として出力されるものは、$n-1$で割る不偏分散の平方根をとった値。したがって、Rコマンダーの標準偏差の出力からnで割る分散を求めるときは、得られた標準偏差の値を2乗してから$\dfrac{n-1}{n}$を掛ければよい。

「主成分得点の標準偏差からデータ数nで割る方の分散を求めて、その値を固有値と比較すると、おもしろいことがわかる。

表2-5だ。Dogfood01のデータ数は19だから、$n=19$になる」

表2-5　主成分得点の分散と相関係数行列の固有値

	第1主成分得点	第2主成分得点
標準偏差	1.335	0.573
不偏分散	1.783	0.329
nで割る分散	1.688	0.311
固有値	大きい方　1.689	小さい方　0.311

2乗　$\dfrac{18}{19}$倍

「データ数nで割って求める分散と、相関係数行列の固有値が同じです。第1主成分得点の方で0.001の違いがあるのは、四捨五入をして計算したことによるものだと思います」

「読めやした。データのばらつきの大きさは、固有値でわかるってことですかい。一番大きい固有値に対応する固有ベクトルに沿って軸を取れば、それが、データのばらつき具合が一番大きい方向に沿った第1主成分の軸になる。2番目に大きい固有値に対応する固有ベクトルを使えば、ばらつき具合が2番目に大きい方向に沿って第2主成分の軸が取れるんでござんしょう」

「アーミー。そこまでわかるのだから、腰を落ち着けて統計の勉強をするつもりで、堅気の生活に戻ったらどうだ？」

「…」

2-3 主成分分析の仕組み

> **ポイント**
> - 相関係数行列の固有値は、対応する固有ベクトル方向のデータのばらつき、つまり、主成分得点のばらつきの大きさを表す
> - 固有値の大きい順に対応する固有ベクトル方向に沿って軸を取れば、データのばらつきが大きい方向から順に主成分の軸が得られる

実習2-5

1. 操作2-7の手順にならって、EPA.DHAとカルシウムの2変数を使った場合の主成分分析を行って、2つの主成分得点 "PC1" と "PC2" を求めてください。

   【注意】操作2-7の操作説明図2-9と同じウィンドウが開いて上書きをしてよいかを問うてくるので、Yes を選んで上書きします。

2. 1で得られた2つの主成分得点 "PC1" と "PC2" について、Rコマンダーの数値要約機能を使って標準偏差をそれぞれ求めてください。

   【注意】求めた標準偏差は、マンガンと亜鉛の変数を使った主成分分析における結果を示した表2-4の標準偏差に相当するものです。

3. 2で求めた標準偏差をもとにして、表2-5の右側に添えられた計算手順（最初に2乗、次に $\frac{18}{19}$ 倍）にしたがって、データ数 n で割る分散を求めてください。この問題では $n=19$ になります。

4. EPA.DHAとカルシウムの2変数を使った場合の相関係数行列の固有値は、大きい方が1.461、小さい方が0.539でした。これらの値が、手順3で求めたデータ数で割る分散と一致していることを確認してください。

   【注意】計算はRのR Consoleウィンドウでキーボード入力をして計算することもできますが、Windowsに付属している電卓機能を使えば十分です。

「固有値がデータのばらつきの大きさを表すから、各主成分がデータ全体の何割を説明できるかを表す主成分寄与率も、固有値を使って定められる」

2変数の相関係数行列から求められる固有値を λ_1、λ_2 とし、$\lambda_1 > \lambda_2$ という大小関係がついているものとします。一般に、データ解析における相関係数行列の固有値は、正の値になります。λ_i が第 i 主成分の軸方向のデータのばらつき具合を表すので、データ全体のばらつきの総量は $\lambda_1 + \lambda_2$ で与えられます。そこで、データ全体のばらつきの総量に対する第 i 主成分の軸方向のデータのばらつき具合 λ_i の比率が、第 i 主成分の寄与率になります。具体的には、次の形です。

$$\frac{\lambda_1}{\lambda_1 + \lambda_2}\ (\text{第1主成分の寄与率}),\ \frac{\lambda_2}{\lambda_1 + \lambda_2}\ (\text{第2主成分の寄与率})$$

「第 i 主成分まででデータ全体の何割を説明できるかが第 i 主成分の累積寄与率でした。1つの主成分の寄与率が固有値で決まりますから、累積寄与率も固有値を使って求まるのですね」

$$\frac{\lambda_1}{\lambda_1 + \lambda_2} + \frac{\lambda_2}{\lambda_1 + \lambda_2} = \frac{\lambda_1 + \lambda_2}{\lambda_1 + \lambda_2}\ (=1)\ (\text{第2主成分までの累積寄与率})$$

「2変数だけを使った主成分分析は特別だ。第2主成分までしか取れないから、第2主成分までの累積寄与率は、データ全体のばらつきの総量と一致する。そこで、上の計算式のように、第2主成分までの累積寄与率は1になる。当然な結果でもある」

【注意】Rコマンダーは標準偏差の計算方法について統一性に欠けているところがあり、次のような違いがあります。
(a) メニューで「統計量」→「要約」→「数値による要約」と進んで計算する標準偏差（数値要約機能による標準偏差）は、不偏分散の平方根を取って計算したもの
(b) 主成分分析を実行して寄与率や累積寄与率と同時に出力される標準偏差は、データ数nで割って求める分散の平方根を取って計算したもの

　2-2節の第2小節で表2-1をもとに寄与率と標準偏差の関係を調べたときは、各主成分の標準偏差を2乗して分散を求め、分散の総和に対する各主成分の分散の割合を計算すれば、それが各主成分の寄与率と一致しました。ところが、この小節では、各主成分の標準偏差を2乗してから$\frac{18}{19}$を掛ける計算が入ります（一般にデータ数がn個のときは$\frac{n-1}{n}$を掛けます。Dogfood01ではn＝19）。これらの違いは、標準偏差の計算方法に関する(a)と(b)の違いからきています。

「n個の変数を使った主成分分析の場合は、固有値と固有ベクトルの数が増えることと、2つのベクトルが直交することの考え方を自然に拡張するだけだ。本質的なことは、この小節で説明した2変数の場合と変わらない。直感的な理解としては、この小節の内容がわかれば十分だ」

n個の変数を使った主成分分析の理論的背景について興味がある方は、本書の付録4をご覧ください。この小節と対応させて、主成分の軸の取り方、主成分の軸が互いに直交すること、および、寄与率と累積寄与率についての説明があります。

「最後に付け加えておこう。主成分分析ととてもよく似た使い方をされる多変量データの分析方法に、因子分析と呼ばれるものがある」

このような実験データの分析を含めて、心理学の分野における因子分析について詳しく知りたい方は、次の本をご覧ください。

姉妹編『フリーソフト「R」ではじめる心理学統計入門』
実吉綾子、技術評論社、2013

この本によれば、上の例の実験のデータを因子分析にかけると、いまの気持ちに影響を与えている潜在的な要因が、「肯定的感情」、「否定的感情」、「安静状態」の3つの因子にほぼ集約されるそうです。

「ミーアキャットのデータが人さまの目に触れるなんてことは、夢のまたその夢のことで…。けれども、これで犬の飼い主も少しは喜びやしょう。ここから先は、あっしには関わりのねえことで。お世話になりやした。ごめんなすって」

ミーアキャットのアーミー。アフリカの草原から家族とともに連れてこられたが、その後、一家は離散したと伝えられる。それでも、友人に恵まれていたアーミーが、なぜ、無宿渡世の世界に入ったかは、定かでない。

― 帰ってきたアーミー ―　　完

この章のまとめ

- 主成分分析は、クラスタ分析と同じく、多変数のデータを丸ごと扱う最初の一歩の1つ
  - ✓ 視点を変えて新しい軸を取り直して主成分を求め、データのばらつき具合の違いを手がかりにして多変量データのおよその姿をつかむ
  - ✓ なるべく少ない主成分で多変量データのおよその姿をとらえようとする次元圧縮の考え方も特徴
- 主成分の計算は、相関係数行列の固有値と固有ベクトルにもとづく
  - ✓ データのばらつき具合は固有値そのもの
  - ✓ 固有値の大きい順に、対応する固有ベクトルが定める方向へ主成分の軸を取る
- 寄与率と累積寄与率、およびスクリープロットで、第何主成分まで取るかを決定
- 主成分に対する解釈まで行って、主成分分析は完結
  - ✓ 解釈のヒントは、主成分負荷量とバイプロット
  - ✓ 主成分は互いに直交するので、与える解釈も互いに無関係
  - ✓ 主成分の符号の違いは、意味が逆転することを表す

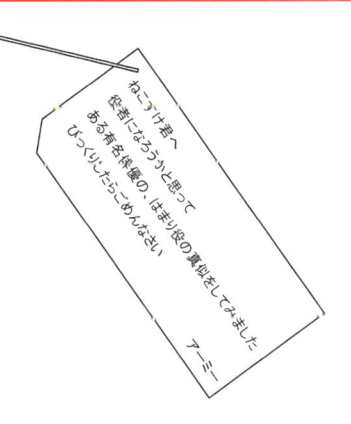

ねこつけ番へ
役者になろうかと思って
ある有名俳優の、はまり役の真似をしてみました
びっくりしたらごめんなさい
アーミー

Column

主成分分析と因子分析の違い

　主成分分析と因子分析の大きな違いは、「モデル」という構造を入れるか入れないかです。

　主成分分析は、理論としては、相関係数行列だけを用いてデータに対する視点を変更する方法です。一方、因子分析は、共通因子と独立因子とよばれるものからなるモデルという構造を組み込んで、データの背後に隠れている要因を抽出する方法です。因子分析は、特に心理学では欠くことのできない多変量データの分析方法です。因子分析には第1因子、第2因子、…、と呼ばれるものがあり、これは、主成分分析における第1主成分、第2主成分、…、に相当します。

　例えば、「元気な」や「どきどきした」といった感情を表す形容詞を複数用意して、それぞれの形容詞がどのくらい現在の自分の感情にあてはまるかを4段階で答えてもらう実験をします。この実験データを因子分析にかけることによって、いまの気持ちに影響を与えている潜在的な要因を探り、因子として取り出すことができます。

第 3 章

原因と結果の関係を簡潔に表現

- **3-1** 相関関係と因果関係
- **3-2** 線形単回帰分析
- **3-3** 線形重回帰分析
- **3-4** モデルのあてはめ

3-1 相関関係と因果関係

因果応報を琵琶法師が語って聞かせた平家物語。隆盛を極めた平家が、源義経の華々しい活躍によって壇ノ浦で滅亡するまでのお話しです。ところが、その義経は兄の頼朝に疎まれて追われる身となり、平泉で自刃。そして、鎌倉幕府初代将軍になった頼朝は、落馬が原因で命を落とし、三代将軍実朝は暗殺されて、幕府の実権は北条氏の手に。平家物語は人の世の因果を軸にしたものですが、そこまで飛躍しなくても、身近なデータの中に因果関係が見られることがあります。そして、因果関係は相関関係を生み出します。まず、相関関係と因果関係の違いから見ていくことにしましょう。

> ただ春の夜の夢のごとし

「『祇園精舎の鐘の声。諸行無常の響きあり…』か」

「おい、どうした。アーミーが役者志望とか何とか言って驚いたが、今度はお前か？」

「アーミー君があんな格好でいきなり現れて、そして風のように去って行ったものですから、中学校で習った平家物語の冒頭を思い出したのです。世の中は、わからないものだと」

「平家物語といえば、話の軸は人の世の因果応報だ。けれども、もっと単純に考えて、ねこすけは、因果関係という言葉を知っているか？」

3-1 相関関係と因果関係

「原因と結果の関係のことですね。例えば、気温とアイスクリームの売れ行きの関係や、冷暖房機の使用時間と電気料金の関係などがそうだと思います」

「その通り。例も身近でなかなかいいじゃないか。この章では、因果関係を中心に学ぶことにしたいのだ。ドッグフードのデータをもう一度使うことにしよう。アーミーめ。ドッグフードのデータを使うのだから、残って学習を続ければよかったものを」

操作3-1 犬用総合食データの取り込み

1. 付録2にある「外部データの取り込み」の操作手順にしたがって、「データ」フォルダにある"犬用総合栄養食"のデータファイルをDogfood02という名前でRコマンダーに取り込む。「外部データの取り込み」操作手順3で"犬用総合栄養食"のファイルを指定し、操作手順7のデータセット名を入力するところをDogfood02にすればよい。

2. 操作説明図3-1のように、Rコマンダーのウィンドウ上部にある「データセット：」の表示の右に青で **Dogfood02** と表示されれば取り込み完了。

操作説明図3-1

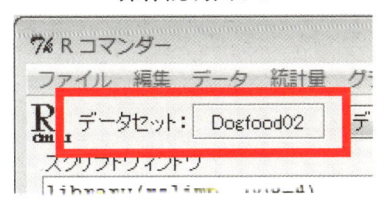

データ出典：ロイヤルカナン ジャポン
www.royalcanin.co.jp/breeder/pdf/productbook_breed_dog.pdf

Dogfood02のデータは、第1章で使用したキャットフードのデータの出典元と同じペットフード会社が販売している、総合栄養食用ドッグフードの成分表です。総合栄養食とは、必要な栄養素がバランスよく含まれた主食用のドッグフードのことです。また、各変数の計測単位は、表1-2にまとめられているキャットフードのものと同じです。

「このデータも、本来は１変数ずつきちんと調べることから始めるのだが、その作業は読者のみなさんにお任せすることにしましょう」

実習3-1

Dogfood02を構成する変数のうち、タンパク質、デンプン、脂質、代謝エネルギー.メーカー実測値.の４つの変数それぞれについてヒストグラムと箱ひげ図を描き、各変数の特徴を大まかにつかんでください。

「次に進もう。ねこすけ、タンパク質、デンプン、脂質、代謝エネルギー.メーカー実測値.の４つの変数について、散布図行列と相関係数行列を使って、２変数ごとの関係を調べてみなさい」

「図3-1の散布図行列と、表3-1の相関係数行列が得られました。次のことがわかります」

- 脂質と代謝エネルギーが強い正の相関
- タンパク質は、他の３つの変数とはすべて負の中程度の相関
- デンプンは、脂質および代謝エネルギーとは無相関

3-1 相関関係と因果関係

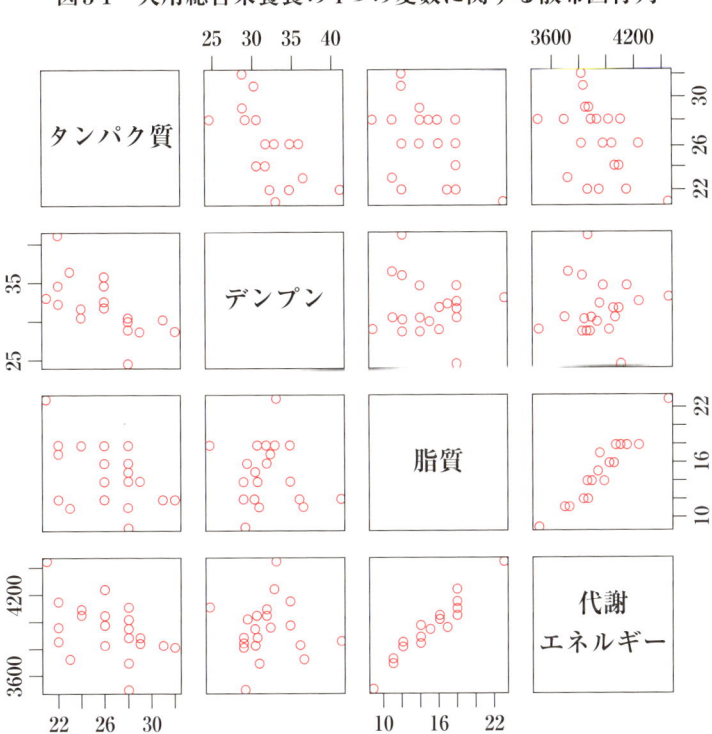

図3-1 犬用総合栄養食の4つの変数に関する散布図行列

原因と結果の関係を簡潔に表現

表3-1 犬用総合栄養食の4つの変数に関する相関係数行列

	タンパク質	デンプン	脂質	代謝エネルギー
タンパク質	1	−0.69	−0.47	−0.48
デンプン	＊	1	−0.11	0.03
脂質	＊	＊	1	0.97
代謝エネルギー	＊	＊	＊	1

「十分だ。それでは、次の問題に移ろう。図3-1と表3-1で調べた4変数の間には、実は相関関係よりも強い関係がある。何だかわかるかな？」

「相関以上の関係？　まさか恋愛関係のはずはないし。難しい問題です。ヒントをください」

「いきなり聞くには難しい問題だったな。食物と栄養に関する説明をして、もう一度考えてもらおう。平家物語のことも思い出すといい」

- 摂取した食物のエネルギー（燃焼熱）から、排泄物などの形で排泄される分を差し引いたものを、代謝エネルギーという。すなわち、生育や活動に実際に使われるエネルギーのことを指す。
- 3大栄養素であるタンパク質、炭水化物、脂質は、摂取された後、酵素と結合して生物が生きていくのに必要なエネルギーを生む。

「デンプンは炭水化物。ということは、タンパク質、デンプン、脂質は3大栄養素。3大栄養素は代謝エネルギーの素。平家物語は因果…。すると、例えば脂質と代謝エネルギーの間に強い正の相関があるのは、因果関係がもとになっているからですか？」

「その通り。脂質が多ければ、代謝エネルギーも多くなると考えられる。それでは、タンパク質、デンプン、脂質の3変数の相関関係ではどうかな？」

3-1 相関関係と因果関係

「うーん。例えばタンパク質とデンプンの相関係数は−0.66 で、もしかしたら、メーカーはタンパク質とデンプンの配合を考慮しているのかもしれません。けれども、どちらが原因でどちらが結果かはわかりません。脂質と代謝エネルギーのように、因果関係とはっきりと呼べる関係はないと思います」

「そのように考えられるだろう。それでは、ここでデータの因果関係についてまとめておこう」

- 変数Aが原因であり、変数Bがその結果であるとき、変数AとBの間には、**因果関係**があるという。
- 変数AとBの間に因果関係があると、AとBの間には相関関係が生じる

【例】原因の変数Aの値が大きい ⇒ 結果の変数Bの値も大きくなる
　　　　　　　　　　　　　　→ AとBの間に正の相関

　　　原因の変数Aの値が大きい ⇒ 結果の変数Bの値は小さくなる
　　　　　　　　　　　　　　→ AとBの間に負の相関

図3-2　因果関係と相関関係

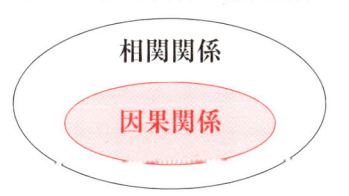

（相関関係 ⊃ 因果関係）

「因果関係と相関関係の関連を視覚的に表現したのが図3-2だ。因果関係は相関関係を生むが、その逆は必ずしも成立しないことを表している。代謝エネルギーが大きいからといって、脂質がいつも多いとは必ずしも限らないだろう。食物によっては、タンパク質やデンプンによるものもあるだろうから」

「因果関係は相関関係を生む特別な関係ですから、因果関係をもつ変数を対象にすると、相関関係だけをもつ変数よりもおもしろいことができそうな気がします」

「あはは。ねこすけは、最近、このシリーズで金融や心理学のことも学んでいるから、勘が鋭くなってきたようだ。そうなのだ。因果関係をもつ変数を対象にすると、線形回帰分析という方法ができる。早速、次の節で学ぶことにしよう」

3-2 線形単回帰分析

原因と結果の関係を簡潔に表現

　相関係数は、数値型の2変数の関係がどれくらい直線に近いかを調べる指標でした。そして、因果関係は相関関係を導きます。これらのことから、2つの変数が因果関係をもつとき、その関係を簡潔に表す直線が求められると察しがつきます。実際、因果関係を表す直線があると、原因の変数に関する新しいデータに対し、結果の変数の値を予測することができて便利です。線形単回帰分析を行うと、データにもとづいて、そのような直線をきちんと求めることができます。

「さぁ、どうぞ！」

❶ 因果関係を表す直線を求める

「脂質と代謝エネルギーの間に因果関係があるならば、例えば新製品を企画するとき、その因果関係をうまく使って、脂質をどれくらいにしたら代謝エネルギーがどのくらいになるかが予測できればうれしいです。最近の猫には、肥満や糖尿病が珍しくありません。代謝エネルギーは、かなり重要な問題です」

「いい方法がある。次のことに着目するのだ」

- 因果関係は、相関関係を導く
- 相関関係は、2つの変数がどれくらい直線の関係に近いかを測るもの
 ⇒ 因果関係にもとづく相関関係がある場合、相関関係がこれに近いという直線を求めれば、それが因果関係を表す直線になる

「理屈をこねるよりも実際に図で見た方が早いから、脂質と代謝エネルギーの因果関係を表す直線を求めてみよう」

操作3-2　因果関係を表す直線の求め方

1. Rコマンダーのメニューにおいて、「グラフ」→「散布図」と進む。操作説明図3-2のウィンドウが開く。

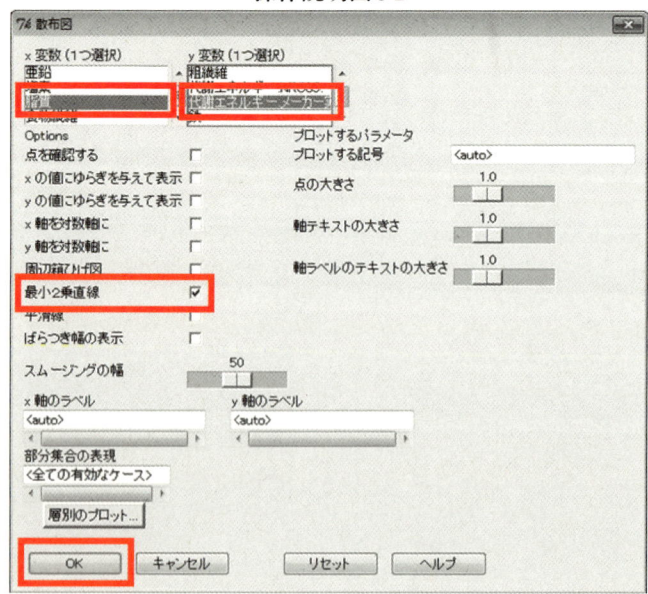

操作説明図3-2

3-2 線形単回帰分析

2. ウィンドウ左上の欄にある **x変数（1つ選択）** で"脂質"を選び、その右側の **y変数（1つ選択）** で"代謝エネルギー.メーカー実測値."を選ぶ。

3. Optionsの項目で"最小2乗直線"にだけチェックマークを入れ、それ以外のチェックマークを外す。

4. 以上の設定が完了したら、ウィンドウの左下にある OK をクリックする。

操作3-2を行うと、図3-3が得られます。散布図の中に緑色で引かれた直線が、脂質と代謝エネルギーの因果関係を表す直線です（図3-3では、印刷の都合上赤色の線）。この直線のことを、**回帰直線**とよびます。

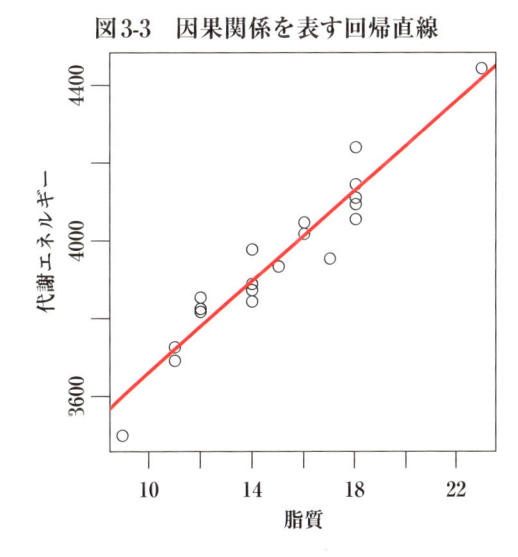

図3-3　因果関係を表す回帰直線

「3-1節で調べたとおり、脂質と代謝エネルギーの相関係数は0.96。この数字が示すように、散布図上におけるデータのばらつき具合は右上がりになる。その右上がりの傾向をとらえて引かれた直線が回帰直線。脂質と代謝エネルギーの因果関係を簡潔に表す直線だ」

「中学校で習ったことですが、平面上の直線ならば、その直線を表す1次関数の式があるはずです。回帰直線を表す式

原因と結果の関係を簡潔に表現

は、どのように求めるのですか？」

「それについては、次のように、さらに4回クリックすればよい」

操作3-3　回帰直線を表す式の求め方

1. Rコマンダーのメニューにおいて、「統計量」→「モデルへの適合」→「線形回帰」と進む。操作説明図3-3のウィンドウが開く。

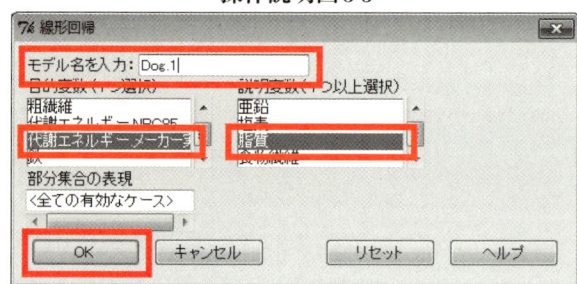

操作説明図3-3

2. 「モデル名を入力：」の表示の右の欄を、"Dog.1" に書き換える。
3. **目的変数（1つ選択）** の欄で "代謝エネルギー.メーカー実測値." を選び、**説明変数（1つ以上選択）** の欄では "脂質" を選ぶ。以上の設定が終わったら、OKをクリックする。

【注意】操作3-2のときと異なり、左の欄で "代謝エネルギー.メーカー実測値."、右の欄で "脂質" を選択する。

　操作3-3を行うと、Rコマンダーのウィンドウの下半分にある出力ウィンドウに、ウィンドウが一杯になるくらいの結果が表示されます。この中で、回帰直線を求めるために直接関係のある箇所は、「Coefficients:」とい

う表示のところです。初めて学ぶ人にとって必要なところだけを抜き出します。

表3-2 回帰係数と変数の重要度

	Estimate 推定値	…	
(Intercept) 切片	3064.24	…	***
脂質	59.81	…	***

Estimateの列で、Interceptの欄の値が切片。そして、脂質の欄の値が変数である脂質にかかる係数、つまり傾きになります。上の表の結果から、脂質と代謝エネルギーの因果関係を表す回帰直線の式は、次のようになります。

代謝エネルギー ＝ 3064.24 ＋ 59.81 × 脂質

回帰直線を表す1次式のことを、**回帰方程式**とよびます。回帰方程式において、原因の変数を**説明変数**、結果の変数を**目的変数**（または**被説明変数**）といいます。この例では、脂質が説明変数、代謝エネルギーが目的変数です。また、上の表で"Estimate"の列に表示される数字、つまり、切片や説明変数に掛ける数字のことを、**回帰係数**とよびます。そして、因果関係をもつ2つの変数に対して回帰方程式を求めることを、**線形単回帰分析**といいます。「単」は、説明変数が1つであることから来ています。

「先生。表の一番右側にある星印は何ですか？ レストランの格付けのように見えますが」

「おもしろい言い方をする。しかし、そのようなものだ。この星印は、説明変数の重要度を示す指標だ。何もつかなかったり、星ではなくて点がついたりすることもある。解釈は、表3-3の通りだ」

表3-3 線形単回帰分析における星印の解釈

星の数	***	**	*	.	なし
変数の重要度	とても高い	高い	中程度	低い	とても低い

「脂質と代謝エネルギーの回帰方程式では、切片も脂質も3つ星で、いずれも重要度がとても高いです」

「説明変数が1つの線形単回帰分析では、切片にも説明変数にも星がつくことが普通だ。星がつかないのは、きわめてまれな事例になる。星の問題は、次の節の線形重回帰分析で再び出てくるから、頭の隅に留めておくといい」

❷ あてはまり具合の診断

「脂質と代謝エネルギーの因果関係を簡潔に表した回帰方程式が求まりましたから、これまでの計測データにない値でも、脂質の値を式に代入すれば代謝エネルギーの予測ができますね。例えば脂質が10%だったら…」

「ストップ！ 気持ちはわかるが、急いではいかん。線形単回帰分析を行うときには、いろいろと注意事項があってな。その中で最も大切なのは、求めた回帰方程式、回帰直線と言ってもいいが、それが因果関係を適切にとらえているかどうかを検証することだ。回帰方程式のあてはまり具合の診断ともいう」

「どういうことですか？」

3-2 線形単回帰分析

「求めた回帰方程式が因果関係を適切に説明しているかどうかを診断する必要があるのだ。求めた回帰方程式が因果関係をきちんと説明するものでなかったら、その式を使って予測をしても意味がない。細かい説明は後回しにして、具体的な診断方法を紹介しておこう。視覚的に診断するときに使うのは、残差プロットと正規Q-Qプロットとよばれるものだ」

操作3-4　あてはまり具合の診断に使う図の描き方

1. 操作説明図3-4のようにRコマンダーのウィンドウの右上にある「モデル：」の右側に青で **Dog.1** と表示されているときは、手順2を飛ばして手順3へ進む。表示が **Dog.1** でないときは、手順2へ進む。

2. Rコマンダーのメニューにおいて、「モデル」→「アクティブモデルを選択」と進む。操作説明図3-5のウィンドウが開く。**モデル（1つ選択）** の欄で"Dog.1"を選び、OK をクリックする。「モデル：」の右側の表示が **Dog.1** になる。

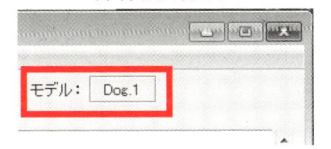

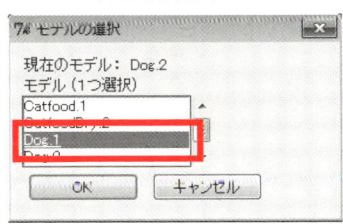

操作説明図3-4　　　　　操作説明図3-5

3. Rコマンダーのメニューにおいて、「モデル」→「グラフ」→「基本的診断のプロット」と進む。R Graphicsのウィンドウに4枚の図が描かれる。

初めて回帰分析を学ぶ人にとって大事なのは、4枚描かれる図のうち、特に上の2枚です。左の図を**残差プロット**、右の図を**正規Q-Qプロット**といいます。これら2枚の図を抜粋したのが図3-4です。

図3-4　Dog.1の残差プロットと正規Q-Qプロット

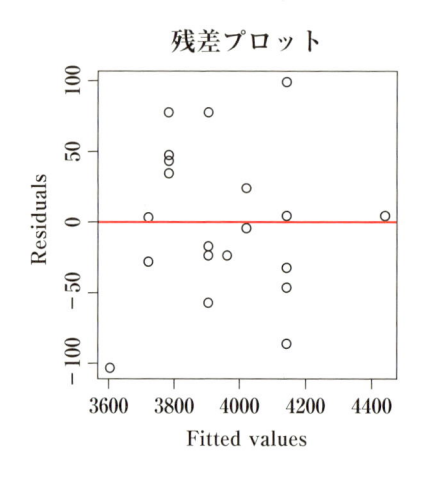

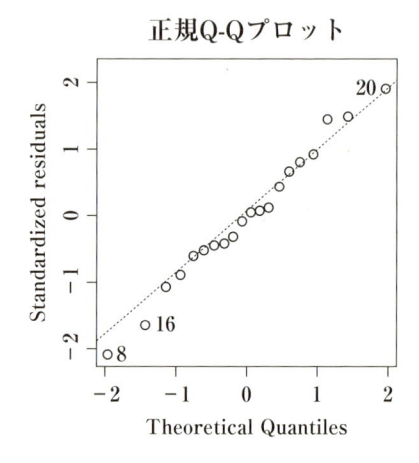

「これらの図を使って、回帰方程式のあてはまり具合をどのように診断したらよいのでしょう」

「模式図を使って、あてはまりが良いと判断できる場合と、そうでない場合を説明しよう」

3-2 線形単回帰分析

図3-5 残差プロットで判定する回帰方程式のあてはまり具合

あてはまり具合が良い場合の残差プロット

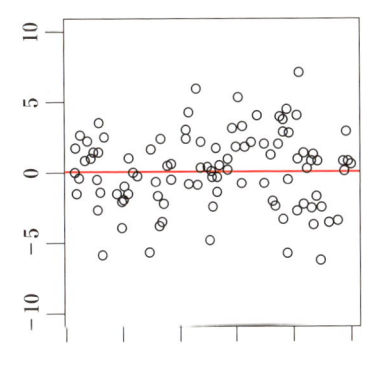

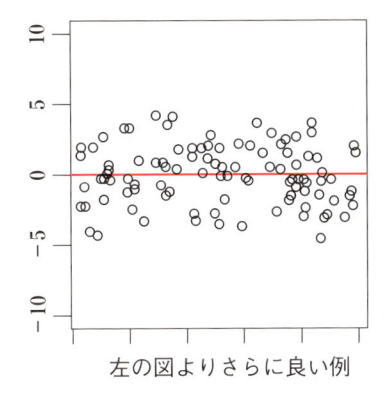

左の図よりさらに良い例

あてはまり具合が良くない場合の典型的な例

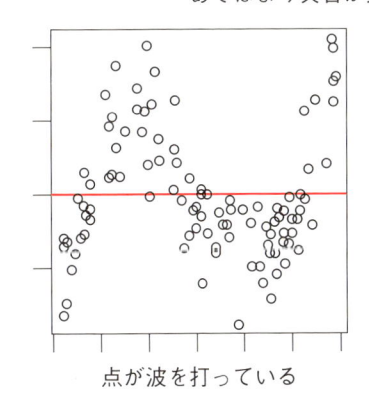

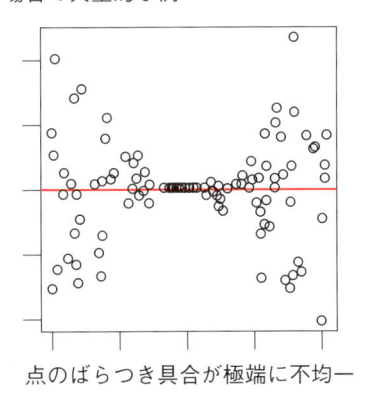

点が波を打っている

点のばらつき具合が極端に不均一

- 回帰方程式のあてはまり具合が良い場合の残差プロット
  - 図3-5の上2枚のように、横軸全般にわたって、縦軸＝0の直線の上下に点が均一にばらついている。特定の癖が見られない
  - 癖がなく均一にばらついているとき、縦軸＝0の直線の近くに点が集まっていれば、さらに良い。例えば、上の2枚を比較したとき、右側のような残差プロットになれば、回帰方程式のあてはまり具合は左側の場合よりも良い
- 回帰方程式のあてはまり具合が良くない場合の残差プロットの例
  - 点が上下に波を打っている（**系列相関**がある）
  - 横軸の位置によって点のばらつき具合が不均一（分散が不均一）
  - これら2つの例以外でも、縦軸＝0の直線を基準として点のばらつき具合に何らかの強い癖があるならば、回帰方程式のあてはまり具合は良くない

「要するに、回帰方程式が因果関係を適切に説明していると判断できるのは、残差プロットにおける点のばらつき具合に特定の癖がないときだ」

「正規Q-Qプロットは、どのように使うのですか？」

図3-6　正規Q-Qプロットで判定する回帰方程式のあてはまり具合

あてはまり具合が良い場合　　　　　あてはまり具合が良くない場合

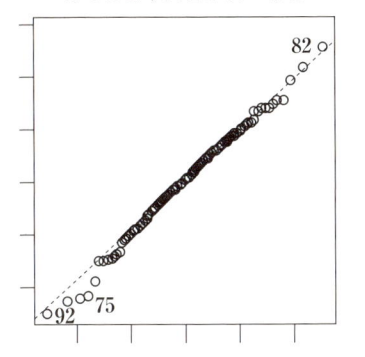

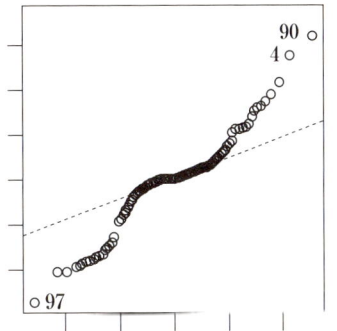

- 回帰方程式のあてはまり具合が良い場合の正規Q-Qプロット
　図3-6の左側の図のように、点線で描かれた直線上にほぼすべての点がある
- 回帰方程式のあてはまり具合が良くない場合の正規Q-Qプロットの一つの例
　図3-6の右側の図のように、点線で描かれた直線と点の間にずれがある。特に、両脇におけるずれが大きいならば、回帰方程式のあてはまり具合は良くない

「上で説明した残差プロットと正規Q-Qプロットによるあてはまり具合の診断方法は、目安と考えてほしい。残差プロットで点のばらつき具合がどの程度まで均一ならばあてはまり具合が良いと判断できるのか、正規Q-Qプロットで点線と点のずれがどこまでならばあてはまり具合が良いと判断できるのかは、扱っている問題の分野によって異なる」

「相関関係を調べるとき、視覚的には散布図、数字では相関係数を使いました。回帰方程式のあてはまり具合を調べるときに使える数字はないのですか？」

「いいところに気がついてくれた。回帰方程式のあてはまり具合の診断には、決定係数という指標を使う」

　決定係数は操作3-3で回帰方程式を求めるときに、同時に出力されます。操作3-3を行ってRコマンダーの出力ウィンドウ上に得られる結果で、下の方に

$$\text{Multiple R-squared:}$$

という表示に続く数字が決定係数です。脂質と代謝エネルギーの回帰方程式では、決定係数は次の値です。

$$決定係数 = 0.9349$$

決定係数は0と1の間の値をとり、1に近いほど回帰方程式のあてはまり具合は良いと判断します。

　いま扱っている例を使って簡単に言うと、回帰方程式によって決まる代謝エネルギーのばらつき具合が実際のデータのばらつき具合の何割を説明できるかを示したものが決定係数です。

「診断に使う道具の説明は終わったから、脂質と代謝エネルギーの因果関係を表した回帰方程式のあてはまり具合を診断しよう。残差プロットと正規Q-Qプロットをもう一度出しておく。決定係数もつけておこう」

3-2 線形単回帰分析

図3-7 Dog.1の回帰方程式のあてはまり具合の診断図
（図3-4の再掲載）

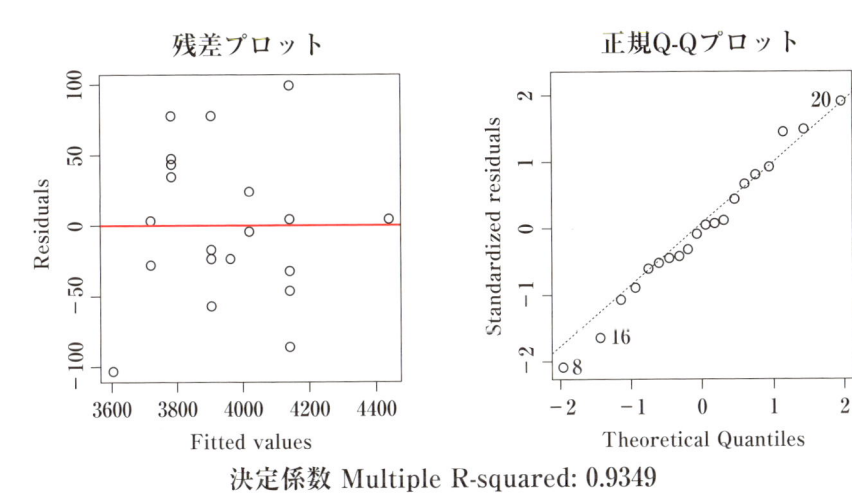

残差プロット　　　　正規Q-Qプロット

決定係数 Multiple R-squared: 0.9349

「残差プロットは、特に大きな癖はないように見えます。正規Q-Qプロットは、左下で点線と点のずれが気になりますが、結構きれいに直線上に点が並んでいると思います。決定係数も0.9349あります。回帰方程式のあてはまり具合は、かなり良いのではないでしょうか」

「これくらいきれいな図が得られて、さらに1に十分近い決定係数だから、回帰方程式は因果関係を適切に説明していると判断してよいだろう。ねこすけ、回帰方程式を予測に使ってみなさい」

回帰方程式：代謝エネルギー ＝ 3064.24 ＋ 59.81 × 脂質

「データにない脂質の値、例えば、脂質が10%と25%のときは、代謝エネルギーの予測値は、それぞれ次のようになります」

代謝エネルギー ＝ 3064.24 ＋ 59.81 × 10 ＝ 3662.34 ［kcal/kg］
代謝エネルギー ＝ 3064.24 ＋ 59.81 × 25 ＝ 4559.49 ［kcal/kg］

【注意】決定係数を使えば一目で回帰方程式のあてはまり具合がわかりそうですが、残差プロットにおける点のばらつき具合の癖まではわかりません。回帰方程式のあてはまり具合を検証するときは、必ず図と決定係数の両方を使ってください。

「この例では、回帰方程式が因果関係を適切に説明しているという判断ができました。けれども、先生。もし残差プロットに強い癖が見られたり、決定係数がそれほど1に近くなかったりしたら、どうなるのですか？」

「残念ながら、求めた回帰方程式は使えない。1次関数で因果関係を説明する線形単回帰分析では無理ということだ。その場合は、3-3節で紹介する線形重回帰分析や、もっと手の込んだ方法を使うと、因果関係を適切にとらえた式が得られることもある」

「因果関係を式で上手に表すのは、結構難しいのですね」

「因果関係がすべて1次関数で説明できたら、かえって世の中が単純すぎてつまらないか、あるいは、恐ろしいだろう」

「他の因果関係も調べてみて、残差プロットや決定係数がどうなるのかを見てみたいです」

「ちょうどいいデータがRコマンダーに用意されている。大気汚染に関するデータだ。次の操作3-5にしたがってairqualityというデータを呼び出して、線形単回帰分析をしてみるといい」

操作3-5　大気汚染に関するデータの呼び出し

付録3「内部データの呼び出し方」に記されている手順にしたがって、Rコマンダーに用意されているairqualityというデータを呼び出す。付録3の内容をそのまま実行すればよい。

---

airqualityのデータは、1973年5月から9月までのニューヨークの大気の状態を記録したものです。6つの変数で構成され、1列目から順に、オゾン量（Ozone、単位は ppb）、太陽の放射量（Solar.R、単位は lang）、風力（Wind、単位は mph）、気温（Temp、単位は華氏）、月（Month）、日（Day）になっています。

「次のことに注意すると、airqualityのデータでは、オゾン量が目的変数、他の3変数が説明変数になることがわかる」

- 高い高度に存在するオゾンは、宇宙からの有害な紫外線が地上に届くことを防ぐ役割があり、生物にとって大切な物質
- 光化学スモッグの発生に伴って低高度で生成されるオゾンは、呼吸器系障害をもたらす大気汚染物質
- 光化学スモッグは、次の条件がそろうと発生しやすい
  　　　　日差しが強い　気温が高い　風が弱い

実習3-2

airqualityのデータを構成する4つの数値型変数Ozone（オゾン量）、Solar.R（太陽の放射量）、Wind（風力）、Temp（気温）に対し、次の分析を実行してください。

1. ヒストグラムと箱ひげ図を描き、各変数の特徴を大まかにつかんでください。
2. 散布図行列を描き、さらに相関係数行列を求め、各変数間の相関関係を調べてください。
3. Ozoneを目的変数とし、Ozoneとの相関が最も強い変数を説明変数にして、線形単回帰分析を実行してください。「モデル名を入力：」では、Ozone.1という名前にしてください。そして、残差プロットと正規Q-Qプロットを描き、決定係数の値を見て、求めたOzone.1の回帰方程式が因果関係を適切に説明しているかどうかを判定してください。

❸ 回帰直線を求める基準

「線形単回帰分析の流れと、得られた回帰方程式のあてはまり具合の診断方法はわかりました。その上で質問があります。そもそも、回帰直線はどのように決まるのですか？ 図3-8のように、直線の引き方はいくらでも考えられます」

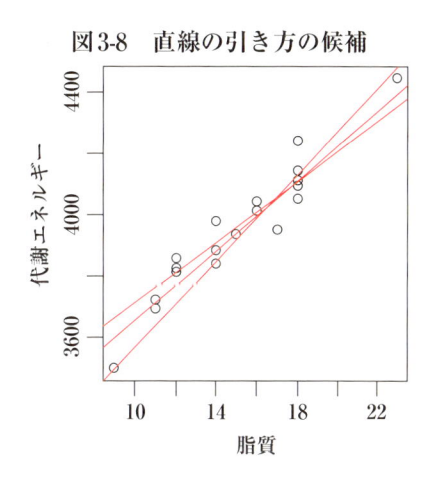

図3-8　直線の引き方の候補

「回帰直線は予測にも使われるから、同じデータに対しては誰が引いても同じ直線になるように、何らかの基準にもとづいて引かなければならない。通常使われるのは、最小2乗基準というものだ」

「頭が痛くなりそうな言葉が出てきました」

「視覚的な説明ができる範囲で説明しよう」

　図3-9は、横軸が原因の変数で縦軸が結果の変数であるときの散布図に、回帰直線を引こうとしているところです。1本の直線を想定すると、データの各点から直線への垂直方向のずれが決まります。赤い両方向矢印です。

図3-9　最小2乗基準

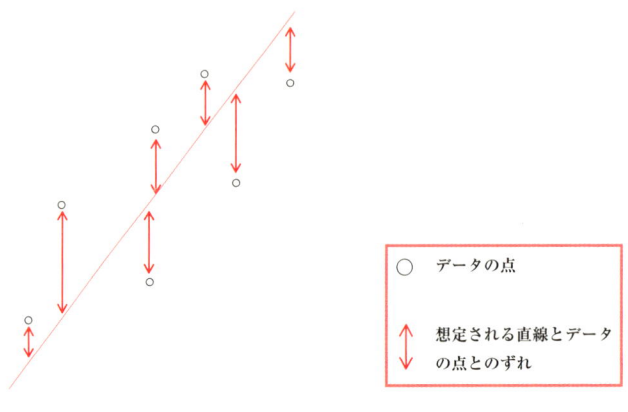

○　データの点

↕　想定される直線とデータの点とのずれ

　赤矢印の長さに対して、データの点が回帰直線の上にあるときは正、下にあるときは負の符号をつけたものを**残差**といいます。残差をそれぞれ2乗してすべて足すと、想定される直線とすべてのデータの点とのずれ具合を表す量になります。この量を S とします。2乗して足すのは、座標平面上の1点 (a, b) と原点Oとの距離を $a^2 + b^2$ の平方根をとって求めることと同じです。

　想定する直線を変化させると、S の値も変化します。S は直線とデータの点全体とのずれ具合を表しますから、S の値を一番小さくする直線が、データ全体へのあてはまり具合が最も良い直線になります。残差をそれぞれ2乗してすべてを足した量 S を最小にすることを最良とするので、この基準のことを**最小2乗基準**といいます。そして、最小2乗基準にもとづいて回帰直線を求める方法を、**最小2乗法**といいます。

　回帰係数を決めれば回帰方程式は定まりますから、最小2乗基準にもとづいてデータから回帰係数を決定する作業が最小2乗法であると言うこともできます。

　「データ全体とのずれ具合が一番小さくなるように回帰係数を決定して、それによって得られた直線が回帰直線なのですね。データの点は直線上に並んでいないので、すべての点を

通る直線は引けません。それならば、全体のずれ具合を最小にする直線が一番良いとする考え方は自然だと思います」

「高校で学ぶ点と直線との距離とは考え方が異なることにも注意してほしい」

図3-10　点と直線の距離の考え方の違い

高校で学ぶ点と直線の距離　　　　最小2乗基準で考える点と直線のずれ

高校で学ぶ点と直線の距離は、点から直線に向かって垂線を下ろして考えます。最小2乗基準は、縦軸方向（＝結果の変数の方向）に、データの点と想定する直線とのずれを考えます（図3-10参照）。

「図3-9の考え方がわかれば、残差プロットの意味もわかる」

図3-11　残差プロットの求め方

図3-9の考え方にもとづいて最小2乗法で回帰直線が求まったとします。すると、図3-11の左の図のように、残差が確定します。そこで、縦軸＝0の直線を基準線にして、残差の位置（＝正負の符号をつけた赤矢印の長さの位置）へデータの点を移します。横軸は結果の変数にとります。こうして得られるのが残差プロットです。図3-11では、散布図上のどの点が残差プロット上のどの点に対応しているかがわかるように、2点を選んで(a)、(b)と印をつけてあります。

　「残差プロットは、データの各点と回帰直線とのずれ具合を見やすくした図というわけか。それならば、残差プロットに癖があると回帰直線に対するデータのばらつき具合が不均一ということなので、回帰直線が因果関係を適切に表現していないという判断になるのもわかります」

　「決定係数だけでは、回帰直線とデータの点のずれ具合をすべてまとめた情報しかわからない。そこで、決定係数で全体のずれ具合を調べると同時に、残差プロットでずれ具合に癖がないかどうかを判断することが必要だ」

　「それでは、正規Q-Qプロットはどこから出てくるのですか？」

　「正規Q-Qプロットは、残差、すなわちデータの各点と回帰直線とのずれ具合に、分布というものを導入することによって出てくる。残差プロットは、点のばらつき具合に癖がなく、さらに、縦軸＝0の直線に点が集まっているほど良いものであった。このことを分布という考え方でとらえようとすると、図3-12のグラフが想定できる」

3-2 線形単回帰分析

「よく見る図です。確か、正規分布という分布のグラフでした」

図3-12　残差の分布

「残差のばらつき具合、つまり残差の分布は、図3-12の正規分布であると考えられる。根拠を直感的に説明すると、次のようになる」

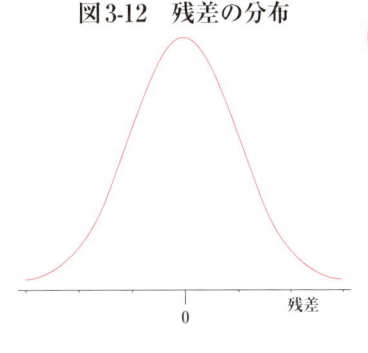

図3-5の残差プロットを念頭に考えます
- 残差を表す点が、縦軸＝0の上下に癖がなくばらつく
  ⇒ 縦軸＝0を中心にして、残差は、正の値も負の値もほぼ同じ割合で出る
  ⇒ 残差の分布は、0を中心にして左右対称
- 残差を表す点は、縦軸＝0の直線の近くに集まっているほど良い
  ⇒ 残差の分布は、0近くの頻度（度数）が大きく、0から離れると急速に頻度が減少する

⬇

残差の分布は、図3-12のような正規分布

「図3-7の正規Q-Qプロットを観察したとき、点は点線の直線上にかなりきれいに並んでいると判断した。それならば、残差のヒストグラムに正規分布の曲線をあてはめたとき、ヒストグラムは正規分布の曲線に近いはずだ。実際に描いてみよう」

図3-7の残差プロットに用いた残差について、平均が0、標準偏差が1になるように標準化と呼ばれる変換を行ってヒストグラムを描き、同じ平均と標準偏差の正規分布の曲線をあてはめたのが図3-13です。

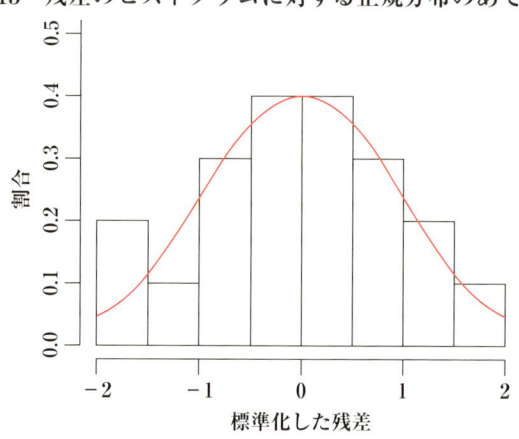

図3-13　残差のヒストグラムに対する正規分布のあてはめ

「全体として、残差のヒストグラムは正規分布に近いです。特に右半分は、正規分布にきれいにあてはまっていると思います。図3-7を見たときに、僕が『左下で点線と点のずれが気になる』と言ったのは、左の裾でヒストグラムと正規分布のズレが大きいことに対応しているのでしょうか」

「その通りだ。図3-13のように残差のヒストグラムに正規分布を重ね合わせて観察してもよいのだが、点が直線からどれくらい離れているかによって残差の分布と正規分布のずれ具合がわかるならば、その方が簡単だ。そこで、正規Q-Qプロットは、横軸と縦軸を上手に調整して、残差が正規分布にきちんとあてはまっているならば、点線の直線上に残差の点が並ぶように作られている」

「なるほど。それで、点線で描かれた直線上にほぼすべての点が乗っていれば回帰直線のあてはまり具合が良いと判断するのですね」

> **ポイント**
> - この本では、正規分布については、図を見て次のことがわかれば十分です。
>   ✓ 正規分布のグラフは図3-12のようになること（厳密には、正規分布の密度関数のグラフ）
>   ✓ 図3-13のように、回帰直線のあてはまり具合が良ければ、そのときの残差の分布が正規分布に近いものになること

Column

　線形単回帰分析は、金融の分野において、資本資産評価モデル（CAPM）として重要な役割を果たしています。

　例えば、東京証券取引所で売買される、ある株式Sの取引を考えます。安全資産（定期預金のように運用益が確実である金融商品）の運用も同時に考えるとき、株式Sの収益率と安全資産の収益率を株式Sの超過リターンと呼びます。また、東証株価指数（TOPIX）の収益率と安全資産の収益率の差を、TOPIXの超過リターンと呼びます。このとき、次の式を考えます。

$$\text{株式Sの超過リターン} = a_0 + a_1 \times \text{TOPIXの超過リターン}$$

　ファイナンスの分野では、この式を資本資産評価モデル（CAPM）とよびます。

　資本資産評価モデルの式は、線形単回帰分析の用語を使えば、株式Sの超過リターンを目的変数、TOPIXの超過リターンを説明変数とする回帰方程式そのものです。資本資産評価モデルの理論では、a_1 は株式SがTOPIX（＝東京証券取引所の値動き）に対してどの程度感応度があるかを表し、切片項の a_0 はTOPIXでは説明できない値動きを表します。a_0 と a_1 は回帰係数なので、株式Sの価格とTOPIXの値のデータから、最小2乗法によって推定されます。このことは、第3小節で説明したことと同じです。

　資本資産評価モデル（CAPM）を含めて、金融データの観察や分析の方法を知識ゼロから学びたい方は、次の本をご覧ください。

姉妹編『Rでおもしろくなるファイナンスの統計学』，
横内大介，技術評論社，2012

3-3 線形重回帰分析

線形単回帰分析は、原因が1変数で結果が1変数の因果関係を直線の関係で簡潔にとらえようとするものでした。けれども、世の中の仕組みはもっと複雑で、1つの結果に対しては複数の原因があることが普通です。そこで、線形単回帰分析では1つだけであった原因の変数を、複数個に増やす考えが自然に出てきます。そうして導き出されたのが線形重回帰分析です。

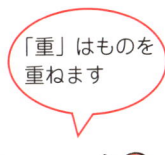

> 「重」はものを重ねます

❶ 説明変数を増やす

「先生は、3-2節で『因果関係がすべて1次関数で説明できたら、世の中がつまらないか、あるいは、恐ろしい』とおっしゃいました。その通りで、ドッグフードを例にすれば、代謝エネルギーが脂質だけの1次関数で決まるとは思えません」

「脂質と代謝エネルギーの回帰方程式は、余裕をもって診断に合格するぐらい、あてはまり具合が良いものだった。しかし、改善の余地はあるかもしれない。線形重回帰分析を試してみよう」

「重回帰?　単回帰の『単』が『重』になりました」

> 「うな重とか五重塔とか、『重』には重なった複数のものを数える意味がある。原因の変数が2つ以上になるので、線形重回帰分析というのだ。まず、分析に使うデータを取り込もう」

操作3-6　ドッグフード代謝エネルギーデータの取り込み

1. 付録2にある「外部データの取り込み方」の操作手順にしたがって、「データ」フォルダにある"ドッグフード代謝エネルギー"のデータファイルをDogfood03という名前でRコマンダーに取り込む。「外部データの取り込み方」操作手順3で"ドッグフード代謝エネルギー"のファイルを指定し、操作手順7のデータセット名を入力するところをDogfood03にすればよい。

2. 操作説明図3-6のように、Rコマンダーのウィンドウ上部にある「データセット:」の表示の右に青で**Dogfood03**と表示されれば取り込み完了。

操作説明図3-6

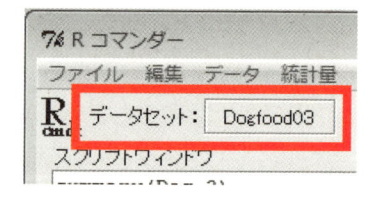

　Dogfood03のデータは、3-1節と3-2節で使用したDogfood02から、次の6変数を取り出したものです。

- タンパク質（Protain）
- 脂質（Lipid）
- L-カルニチン（L.Carnitine）
- デンプン（Starch）
- パントテン酸カルシウム（P. Acid）
- 代謝エネルギー（M. Energy）

【注意】Dogfood03で変数名を英語に置き換えているのは、日本語表記では、この後のRコマンダーの操作で文字コードに起因するエラーが生じるためです。

3-3 線形重回帰分析

「3-1節で説明したように、3大栄養素のタンパク質、炭水化物、脂質は、代謝エネルギーの素になる。そこで、タンパク質と脂質、それに、炭水化物にあたるデンプンを原因の変数にして、代謝エネルギーを目的変数にした線形重回帰分析を実行してみよう。線形重回帰分析では線形単回帰分析のときよりも注意する点が多いのだが、そのことはひとまずおいておこう。」

操作3-7　線形重回帰分析

1. Rコマンダーのメニューにおいて、「統計量」→「モデルへの適合」→「線形モデル」と進む。操作説明図3-7のウィンドウが開く。

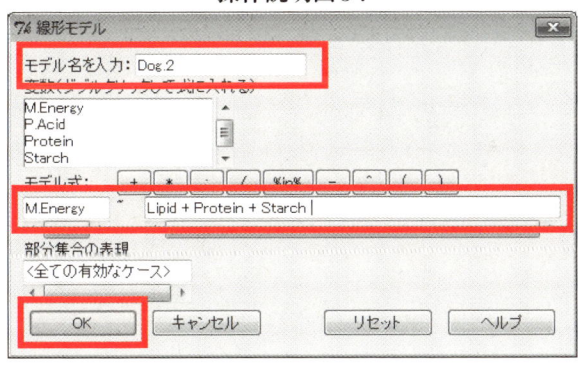

操作説明図3-7

2. 「モデル名を入力．」の右側の欄を"Dog.2"に書き換える。
3. **変数（ダブルクリックして式に入れる）**の下の欄で、まず"M. Energy"をダブルクリックする。**モデル式：**の真下の欄に"M. Energy"が入る。
4. 再度、**変数（ダブルクリックして式に入れる）**の下の欄で、"Lipid"、"Protein"、"Starch"を順次ダブルクリックする。操作説明図3-7のように、プラス"+"の記号が自動的に挿入されて、**モデル式**：の右斜め下の欄にダブルクリックした変数の足し算が表示されていく。

5. **モデル式**：の下側が次のようになったことを確かめて、OKをクリックする。

M. Energy ~ Lipid + Protein + Starch

操作3-7を完了すると、Rコマンダーのウィンドウの下半分にある出力ウィンドウに、線形重回帰分析の結果が表示されます。その中から、線形重回帰分析を初めて学ぶ人にとって必要なところだけを抜き出します。

表3-4 Dog.2における回帰係数と変数の重要度

	Estimate 推定値	…	
(Intercept)（切片）	1425.739	…	***
Lipid（脂質）	73.270	…	***
Protein（タンパク質）	25.302	…	***
Starch（デンプン）	24.463	…	***

表3-4の出力をもとにして、因果関係を表す次の式が得られます。

代謝エネルギー ＝ 1425.739 ＋ 73.270 × 脂質
　　　　　　　　＋ 25.302 × タンパク質 ＋ 24.463 × デンプン

この式のことを、線形単回帰分析のときと同じく**回帰方程式**とよびます。回帰方程式において、原因の変数を**説明変数**、結果の変数を**目的変数**（または**被説明変数**）とよぶこと、および、表3-4で"Estimate"の列に表示される数字を**回帰係数**とよぶことも線形単回帰分析と同じです。そして、この例のように、原因の変数が複数、結果の変数が1つの場合の因果関係を表す回帰方程式を求めることを、**線形重回帰分析**といいます。また、線形単回帰分析と線形重回帰分析をまとめて、**線形回帰分析**といいます。

3-3 線形重回帰分析

「原因の変数は増えましたが、モデル名の入力以外はマウスクリックでさっさとできて、とても簡単です。格付けの星がまた出てきましたが、解釈の仕方は、線形単回帰分析のときと同じ表3-3の通りでよいですか？」

「完全に同じだ。この例では切片とすべての変数に星3つがついたが、そうならないこともある。後でそのような例を見ることができるだろう」

「ところで、線形重回帰分析では、線形単回帰分析のときのような回帰直線を散布図の上に引きませんでした。因果関係を表す式が原因の変数1つの関数でないことが理由だという察しはつきます。線形重回帰分析の回帰方程式は何を表すのですか？」

「いい質問だが、答えるのは難しい。表3-4をもとにして求めた回帰方程式は、4次元空間における平面を表す」

「4次元空間の平面？ SFの世界のようです」

「例えば、下敷きを適当な傾きで手に持って空中に止めれば、下敷きの面が空間における平面を表す。わしらが住んでいるのは3次元の空間だから、下敷きの面は3次元空間における平面だ。空間を抽象的に4次元以上に拡張しても、3次元の場合の自然な拡張として、やはり平面を考えることができる」

🐱「なんだか雲をつかむような話です」

🎩「きちんとした理解は、高校で学ぶものより少し難しい数学を学習しないと無理だ。直感的な理解として、線形単回帰分析のときは直線だったから、原因の変数が増えたので平面になる。そこで、原因が複数で結果が1つのデータの散らばり具合を表す散布図がどこかわしらの見えないところに描かれていて、そこに因果関係を表す平面が決まったのだと思ってもらえばいい。原因の変数が2つなら模式図が描ける。図3-14がそれだ。因果関係を表す平面を直感的に理解する助けにはなるだろう」

図3-14　線形重回帰分析で回帰方程式が表す平面

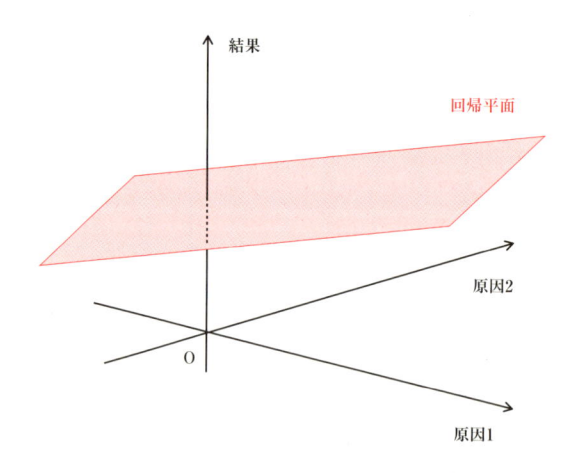

線形単回帰分析では、回帰方程式が表す直線を回帰直線といいました。線形重回帰分析では、回帰方程式が表す平面を**回帰平面**とよびます。

3-3 線形重回帰分析

🐱「回帰方程式を求めるときは、やはり最小2乗法ですか？」

🐱「説明変数が増えるから少し複雑になるが、考え方は同じだ」

視覚的な理解ができるように、説明変数が2つの場合を取り上げます。説明変数をx_1とx_2、目的変数をyとおくと、求める回帰方程式は

$$y = a_0 + a_1 x_1 + a_2 x_2$$

と書けます。a_0、a_1、a_2は回帰係数です。この回帰方程式は、図3-15における回帰平面を表す式でもあります。

他方、(x_1, x_2, y)の組については、実際の観測データが複数あります。データの点を空間上にとり、回帰平面を適当にとると、データの各点から回帰平面への縦軸方向（＝目的変数の軸の方向）のずれが決まります。図3-15で赤い矢印で表されているもので、これが残差です。

図3-15　線形重回帰分析における最小2乗法

回帰平面の位置が変わる、すなわち、回帰係数の a_0、a_1、a_2 の値が変わると、各点における残差も変化します。線形単回帰分析のときと同じように、各データにおける残差を2乗して足しあわせた量が最小になるような回帰平面を選んだとき、それがデータ全体へのあてはまり具合が最も良い回帰平面になります。

　直線が平面（一般にはn次元空間の平面）になっても、残差の2乗の合計を最小にするものを最良とする考え方は同じです。この考え方を**最小2乗基準**とよび、最小2乗基準にもとづいて回帰平面を表す回帰方程式を求める作業を**最小2乗法**といいます。

　回帰係数 a_0、a_1、a_2 を決めれば回帰方程式は定まるので、最小2乗基準にもとづいてデータから回帰係数を決定する作業が最小2乗法であると解釈することもできます。

❷ 線形重回帰分析でもあてはまり具合の診断

「3つの説明変数と代謝エネルギーの因果関係を簡潔に表した回帰方程式が求まったから、これまでの計測データにない値を代入して、代謝エネルギーの予測をしてみよう。例えば脂質が10％で…」

「ストップ！　先生、急いではいけないのでしょう。想像はつきます。線形単回帰分析のときのように、残差プロットか何かで、あてはまり具合の診断をするのではありませんか？」

「おお、そうであった。先を急いでしまった。ねこすけも、ずいぶん頼りになるようになった。回帰方程式を求めた後のあてはまり具合の診断方法は、線形単回帰分析のときと同じだ」

操作3-8 あてはまり具合の診断図

1. 操作説明図3-8のようにRコマンダーのウィンドウの右上にある「モデル：」の右側に青で**Dog.2**と表示されていることを確認する。**Dog.2**でないときは、操作3-4手順2の方法でDog.2をアクティブモデルに指定する。

2. メニューにおいて、「モデル」→「グラフ」→「基本的診断のプロット」と進む。R Graphicsのウィンドウに4枚の図が描かれる。

操作説明図3-8

操作3-8により、図3-16が得られます。線形単回帰分析の場合と同じく、左側の図を**残差プロット**、右側の図を**正規Q-Qプロット**といいます。また、あてはまり具合を測る数字は、操作3-7で線形重回帰分析を実行したときにRコマンダーのウィンドウ下側の出力ウィンドウに表示される、**自由度調整済み決定係数**（Adjusted R-squared）を使います。

【参考】操作を重ねて操作3-7の出力が見えなくなってしまった場合は、次のようにすると同じ情報が得られます。
 1.「モデル：」の表示が**Dog.2**であることを確認する。
 2. Rコマンダーのメニューで、「モデル」→「モデルを要約」と進む。

図3-16　線形重回帰分析Dog.2の診断図

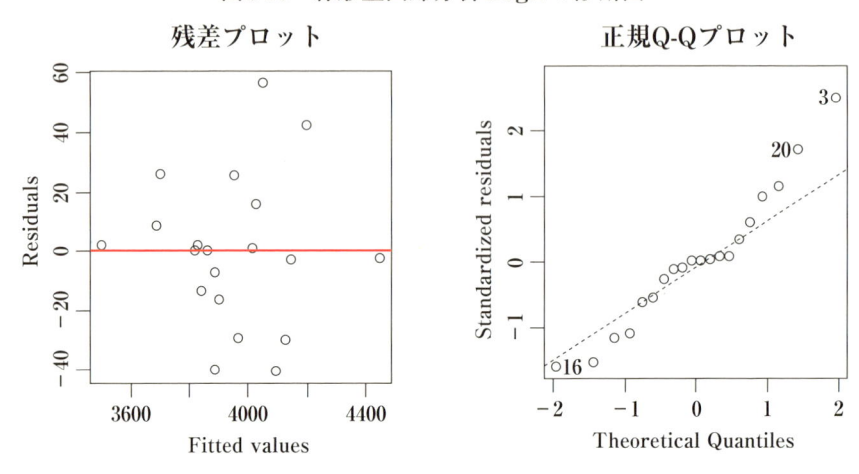

残差プロット　　　　正規Q-Qプロット

自由度調整済み決定係数 Adjusted R-squared: 0.9827

図3-17　脂質を原因の変数にした線形単回帰分析Dog.1の診断図
（図3-4の再掲載）

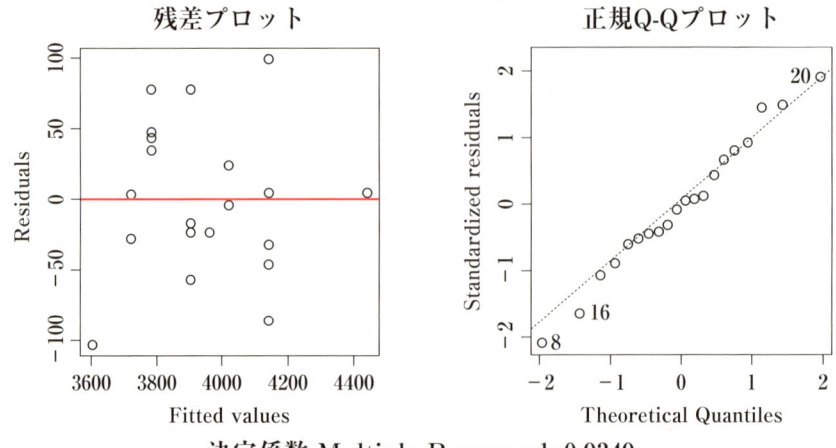

残差プロット　　　　正規Q-Qプロット

決定係数 Multiple R-squared: 0.9349

「原因の変数を増やすことによって代謝エネルギーとの因果関係がより良く説明できるようになったかどうかを調べるために、原因が脂質だけの線形単回帰分析Dog.1の診断図を並べてみた。残

「差プロットと正規Q-Qプロットの見方は線形単回帰分析のときと同じで、3-2節で説明したとおりだ」

「残差プロットは癖がない方がいい。正規Q-Qプロットは直線の上に点が乗っているほど良い。そうすると…。正規Q-Qプロットは、Dog.1の方が良いです。線形重回帰分析のDog.2は、真ん中あたりでも点が少しうねっています」

「残差プロットは？」

「両方とも、それほど違わないように見えます。点のばらつき具合に癖がないという点では、Dog.1の方が少しいいかな」

「コラコラッ。縦軸の目盛りの違いにも注意しなさい」

「あっ、縦軸の目盛りが大きく違います。縦軸の範囲が、Dog.2はDog.1の半分くらいです。点のばらつき具合に癖がないときは、縦軸が0の近くに点が集まっている方が良い。すると、点のばらつき具合があまり変わらないなら、残差プロットはDog.2の方がいいのか」

　ここで、決定係数と自由度調整済み決定係数の違いを説明しておきます。
　決定係数は、それを定める式から、実際のデータを使って説明変数を増やすと、最良の値である1に近づくことが示されます。このことは、因果関係を説明するためにあまり重要でない説明変数であっても、それらを回

帰方程式にどんどん取り込んでしまえば、回帰方程式のあてはまり具合は良くなることを意味します。けれども、データの分析は簡単に済めばそれに越したことはないので、あまり重要でない説明変数をどんどん付け加えるのは好ましくありません。

そこで、自由度調整済み決定係数は、ほとんど意味のない説明変数を付け加えても1に近づくことがないように"調整済みの上で"定められています。自由度調整済み決定係数でも、1に近いほど回帰方程式のあてはまり具合は良いと判断します。

> **ポイント**
> - 線形単回帰分析では決定係数
> - 線形重回帰分析では自由度調整済み決定係数

「線形単回帰分析のDog.1の方が良いのか、線形重回帰分析のDog.2の方が良いのか、とても判断が難しいです。残差プロットと自由度調整済み決定係数はDog.2の方がいいです。けれども、正規Q-QプロットはDog.1の方がいいです。このようなときは、どのように判断したらよいのでしょう」

「意図したわけではなかったが、結果が微妙な形で出たようだ。私としても判断が難しいところがあるが、このようなときの判断基準としてよく用いられる次のことを使おう」

> **ポイント**
> 説明する能力に大きな差がないならば、簡単な方法の方が良い

線形重回帰分析に対象を限るとき、説明変数が少ない方が簡単な方法になります。そこで、上のポイントの記述は、次のように書き換えることができます。

> 因果関係を説明する能力に大きな差がないならば、説明変数が少ない回帰方程式の方がよい

「先生のご判断は？」

「線形重回帰分析の結果では自由度調整済み決定係数は1に近くなったが、線形単回帰分析の結果でも決定係数は0.9349あり、かなり良い数字だ。残差プロットも、特に癖はなかった。正規Q-Qプロットでは、むしろ線形単回帰分析の方が良い結果を出している。あてはまり具合にそれほど大きな差は見られないことから、回帰方程式における説明変数が少ないという理由で、予測に使うならば線形単回帰分析の結果の方を採用しよう」

「せっかく説明変数を増やしたのに、もったいない気もします」

「この例だけを見てそう思うのはまだ早い。説明変数を多めにとっておいて、AICという方法を使って説明変数の数を絞り込み、最も適切な説明変数の組み合わせを求める方法がある。AICについては、第6小節で紹介しよう」

実習3-3

実習3-2で使用したairqualityのデータを呼び出してください。このデータを構成する変数において、Solar.R（太陽の放射量）、Wind（風力）、Temp（気温）が原因で、Ozone（オゾン量）がそれらの結果と考えることができます。そこで、次の分析を実行してください。

1. 操作3-7の手順にならって、Ozoneを目的変数、Solar.R、Wind、Tempの3つを説明変数にした線形重回帰分析を実行し、回帰方程式を求めてください。「モデルの名前：」は、Ozone.2としてください。
2. Ozone.2の回帰方程式について、操作3-8の手順にならって、残差プロットと正規Q-Qプロットを描いてください。そして、描いた図を実習3-2で線形単回帰分析によって求めたOzone.1のものと比較して、Ozone.1の回帰方程式とOzone.2の回帰方程式のどちらがOzoneに対する因果関係をより適切に説明しているかを判断してください。

❸ 線形と回帰の名前の由来

「3-2節から気になっていたことがあります。線形単回帰や線形重回帰の呼び方についている『線形』は、どのような意味ですか？」

「いつ説明しようかと考えていたのだが、線形単回帰分析よりも線形重回帰分析を使った方が説明しやすい。ここでしておこう」

線形重回帰分析で求めた回帰方程式は、説明変数を $x_1, x_2, \cdots, x_p$、目的変

数をy、回帰係数を$a_0, a_1, \cdots, a_p$とすると、一般に、次の形で書くことができます。

$$y = a_0 + a_1 x_1 + a_2 x_2 + \cdots + a_p x_p$$

この式の右辺のように、変数$x_1, x_2, \cdots, x_p$をそれぞれ係数で定数倍して足しあわせたものを、$x_1, x_2, \cdots, x_p$の**線形結合**といいます。また、yは線形結合の値で決まるので、上の式を**線形関数**とよびます。線形単回帰分析における回帰方程式

$$y = a_0 + a_1 x$$

は上の式の特別な場合で、説明変数が1つの線形関数です。

いずれにせよ、3-2節とこの3-3節で求めた回帰方程式は線形関数そのものなので、因果関係を表す回帰方程式を求める作業を、線形単回帰分析、線形重回帰分析というのです。また、線形単回帰分析や線形重回帰分析によって得られる回帰方程式のことを、**線形モデル**ともよびます。

「線形でない回帰方程式もありますか？」

「xを説明変数、yを目的変数とするとき、例えば、cを実数、aを1でない正の実数として、因果関係が$y = ca^x$という式で表現されるものもある。指数関数を使った因果関係の表現なので、指数回帰という」

「もう1つわからないのは、『回帰』という言葉です。国語辞典を引いたのですが、『ひと回りして元に戻ること』と記してあり、回帰分析と関連のあるような納得のいく説明は書いてありませんでした」

「それについては、回帰直線という名前の由来が両親の平均身長と子供の平均身長の関係を調べた研究にあることを記したおもし

ろい説明が次の本にある。2ページにわたる長めの説明なので、ここで引用することは難しいから、直接その記述を読むといい。この本では扱わない指数回帰の例も紹介されている」

姉妹編第4分冊『回帰分析超入門』，前野昌弘，技術評論社，2011
（直接関係があるのは2-2節です）

❹ 多重共線性

「この小節の話題に入る前に確認をしておこう。ねこすけ、データと回帰係数の関係を簡単に説明してごらん」

「例えば説明変数が2つなら、図3-15のように、空間の回帰平面を表す回帰方程式を決める回帰係数を、最小2乗法でデータから求めました」

統計の分野では、データにもとづいて回帰係数を決めることを、「回帰係数を推定する」といいます。

「線形重回帰分析では、目的変数と因果関係があると考えられる説明変数を2つ以上選ぶわけだが、回帰係数の推定に関連して、説明変数の選び方に注意が必要だ」

「因果関係があると考えられるだけで、説明変数の候補を選んではいけないのですか？」

「説明変数を適切に選ばないと、多重共線性という問題が起こって、例えば、因果関係を説明するものとしては不自然な回帰係数

3-3 線形重回帰分析

が得られてしまうことがある」

🐱「線形単回帰分析の結果と比較検討して結局は不採用になりましたが、第1小節では3つの説明変数を使って、次の回帰方程式が求まりました。その多重ナントカがあると、回帰方程式を決める回帰係数におかしなことが起こるのですか」

代謝エネルギー ＝ 1425.739 ＋ 73.270 × 脂質
　　　　　　　＋ 25.302 × タンパク質 ＋ 24.463 × デンプン

🎩「脂質、タンパク質、デンプンは、体内で酵素と結合すると代謝エネルギーを生む。このことを踏まえて、説明変数に掛かっている回帰係数の符号に注目してごらん」

🐱「数字の大小の違いはありますが、符号はすべてプラスです。ということは、脂質、タンパク質、デンプンの量が多ければ、代謝エネルギーも大きくなる。これは自然なことだと思います」

🎩「そうだろう。ところが、多重共線性があると、常識的に考えて正の値であるべきなのに、負の回帰係数が得られてしまうことがある。また、推定に使うデータの数を少し増やしただけなのに、回帰係数の値がかなり大きく変動してしまうこともある。多重共線性の原因は、説明変数の間の強い相関関係だ」

　2つの説明変数の間に強い相関関係があることを、**多重共線性**といいます。多重共線性があると、回帰係数の推定結果が不安定になります。推定の不安定さは、例えば次のような形で現れます。

● 正の値が自然であると考えられる回帰係数が負の数になる。あるい

は、その逆が起こる
● データの数を少し増やしただけなのに、増やす前と比較して、回帰係数の値が大きく変動してしまう

「多重共線性は、2つの説明変数の間にもともと強い相関が存在すれば、当然生じる。けれども、得られたデータについて、たまたま2つの説明変数の間に強い相関が出て生じた可能性もある。かなりやっかいな問題だ」

> **ポイント** 線形重回帰分析では、説明変数どうしの強い相関から生じる多重共線性に注意

「僕のような初心者は、どのように対処したらよいでしょう」

「初めて学ぶ人でも対処できる範囲のことを紹介しておこう。まず、第1小節で求めた回帰方程式で使った3つの説明変数の相関関係を調べよう」

操作3-9　説明変数の間の相関係数

1. Rコマンダーのウィンドウ上部で、「データセット：」の右に青で **Dogfood03** と表示されていることを確認する。そうなっていなければ、そこに表示されている文字の上をクリックして、表示される選択肢からDogfood03を選ぶ。

2. メニューで、「統計量」→「要約」→「相関行列」と進む。操作説明図3-9のウィンドウが開く。

3-3 線形重回帰分析

操作説明図3-9

3. **変数（２つ以上選択）** で、Ctrlキーを押しながら"M.Energy"、"Lipid"、"Protein"、"Starch"をクリックして反転表示させる。選択が終わったら、OKボタンをクリックする。

操作3-9を行うと、Rコマンダーの下半分の出力ウィンドウに、表3-5の相関係数行列が得られます。見やすくするために、目的変数の代謝エネルギーを右端と一番下に移しています。

表3-5 線形重回帰分析に使用した変数の相関係数行列

	脂質	タンパク質	デンプン	代謝エネルギー
脂質	1	−0.47	−0.11	0.97
タンパク質	∗	1	−0.69	−0.48
デンプン	∗	∗	1	0.03
代謝エネルギー	∗	∗	∗	1

「タンパク質とデンプンの相関が強いです。−0.7とほとんど違わない相関係数なので、強い負の相関をもっています」

「強い相関をもつということは、タンパク質とデンプンには多重共線性があると判断できる。このようなときは、どちらか一方の説明変数を除去するのが現実的な対処方法だ。代謝エネルギーとの相関が強いのはタンパク質の方だから、こちらを残して、デンプンを除こう」

「脂質とタンパク質を説明変数にして線形重回帰分析を行うのですね。やってみます」

実習3-4

1. 操作3-7の手順にならって、M. Energy（代謝エネルギー）を目的変数、Lipid（脂質）とProtein（タンパク質）を説明変数にして線形重回帰分析を実行し、回帰方程式を求めてください。「モデルの名前：」は、Dog.3にしてください。
2. 操作3-8の手順にしたがって残差プロットと正規Q-Qプロットを描き、自由度調整済み決定係数も使って、回帰方程式のはまり具合を調べてください。そして、3-2節で求めた線形単回帰分析による回帰方程式と比較して、どちらの回帰方程式が因果関係を説明するものとして望ましいかを判断してください。

「実習3-4を実行したら、次のような結果が得られました」

表3-6　脂質とタンパク質を説明変数にした線形重回帰分析Dog.3の結果

	Estimate 推定値	…	
(Intercept)（切片）	3136.881	…	***
Lipid（脂質）	58.878	…	***
Protein（タンパク質）	−2.228	…	

自由度調整済み決定係数（Adjusted R-squared）：0.9281

代謝エネルギー ＝ 3136.881 ＋ 58.878 × 脂質 − 2.228 × タンパク質

図3-18　あてはまり具合の診断

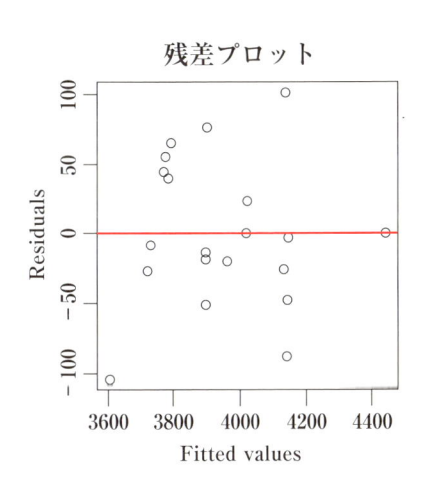

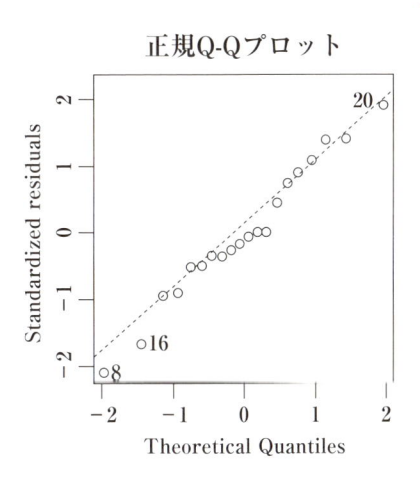

「ねこすけは、結果をどう見る？」

「表3-6を見ると、タンパク質に格付けの星がついていません。タンパク質の変数の重要度はとても低いです。脂質だけを説明変数にしたDog.1の図3-7と比較すると、残差プロットはほとんど変わりません。正規Q-Qプロットは、線形重回帰分析の方が左下の方で直線と点のずれ具合が少し改善さ

れています。けれども、決定係数は0.01くらいしか違いがありません」

「それで？」

「線形単回帰分析の結果と線形重回帰分析の結果には、ほとんど差がないです。そこで、『説明する能力が同じなら説明変数が少ない回帰方程式の方がいい』という基準に照らすと、3-2節で求めた線形単回帰分析の結果の方が望ましいと判断します。次のDog.1の回帰方程式です」

$$代謝エネルギー ＝ 3064.24 ＋ 59.81 × 脂質$$

「そうだな。いま扱っているDogfood03のデータの場合、代謝エネルギーと脂質の相関係数が0.97でとても強い。そこで、脂質だけを説明変数にした線形単回帰分析の結果で、代謝エネルギーとの因果関係の説明がほぼついてしまうのかもしれない」

「多重共線性まで考慮に入れたわけですが、線形重回帰分析は、結局のところ無駄になりました。初めから線形単回帰分析で十分だとわかれば、とても楽です」

「ある特定の分野のデータを対象にして、その分野における知識と統計的データ解析の経験が豊富にあれば、それはできるかもしれない。けれども、初めて扱うデータであって、ほとんど何もわかっていない状態から因果関係を表す適切な回帰方程式を求めることになったら、線形単回帰分析だけではなく、線形重回帰分析も試みる必要があるだろう」

3-3 線形重回帰分析

「自分に合ったキャットフードを見つけるには、あれこれ試食をしてみないとわからないことと同じですか？」

「まあ、そういうことだ。いまは、コンピュータを使って手軽に分析ができる時代になった。それでも、より良い結果を得ようとするならば、あれこれと試行錯誤を重ねることが必要になるのは、昔も今も変わらない。因果関係を説明する適切な回帰方程式を求める作業もそうだ」

実習3-5

airqualityのデータを使って実習3-3で行った線形重回帰分析において、説明変数に使用したSolar.R（太陽の放射量）、Wind（風力）、Temp（気温）の3つの変数の間に多重共線性をもつものがないかを確認してください。もし多重共線性が確認されたならば、目的変数のOzone（オゾン量）との相関が強い変数を残し、もう一方の変数を除いて、線形重回帰分析を再度実行してください。

❺ 相互作用の追加

「おもしろいことを試してみよう。ねこすけ。Dogfood03のデータで、脂質、タンパク質、パントテン酸カルシウムの3つの変数について相関係数行列を求めて、これらを説明変数にして線形重回帰分析を行ったときに、多重共線性が生じるかどうかを調べてくれ」

実習3-6

Dogfood03のデータをRコマンダー上に再度呼び出してください。その上で、脂質（Lipid）、タンパク質（Protein）、パントテン酸カルシウム（P. Acid）の3つの変数について相関係数行列を求め、相関の強弱を調べてください。

「表3-7が相関係数行列です。強い相関をもつ変数の組はないので、これらを説明変数にしても多重共線性は生じません」

表3-7　多重共線性の確認

	脂質	パントテン酸カルシウム	タンパク質
脂質	1	−0.03	−0.47
パントテン酸カルシウム	*	1	−0.32
タンパク質	*	*	1

「それでは、代謝エネルギーを目的変数、脂質、タンパク質、パントテン酸カルシウムを説明変数にして、線形重回帰分析を実行してみなさい」

「えっ。脂質とタンパク質を説明変数にするのはよいとして、パントテン酸カルシウムが原因になるのですか？」

「ここはひとつ、何も言わずにやってはくれまいか。ねこすけは飼い猫だから無縁だろうが、のら猫は、姿勢を低くして、ニャンとも言わずに獲物を狙う。猫には、黙ってやらなければならないときがあるものだ」

3-3 線形重回帰分析

読者のみなさんも、操作3-7の復習として、次の実習3-7を行ってください。

実習3-7

Dogfood03のデータを使います。
1. 操作3-7の手順にならって、M. Energy（代謝エネルギー）を目的変数、Lipid（脂質）、P. Acid（パントテン酸カルシウム）、Protein（タンパク質）、の3つを説明変数にして線形重回帰分析を実行し、回帰方程式を求めてください。「モデルの名前：」は、Dog.4にしてください。
2. 求めた回帰方程式において、各説明変数の重要度を星の数で確認してください。
3. 1で求めた回帰方程式について、残差プロットと正規Q-Qプロットを描いてください。得られた図と自由度調整済み決定係数の値をもとに、回帰方程式のあてはまり具合を確認してください。

「意図はわかりませんが、結果は、表3-8と図3-19のようになりました。脂質だけを説明変数にしたDog.1の回帰方程式の図3-7と比べると、正規Q-Qプロットのうねりが気になります。残差プロットは、縦軸の目盛りに注意すると、図3-7よりも良いと思います。けれども、自由度調整済み決定係数は、Dog.1に劣ります」

表3-8 パントテン酸カルシウムを説明変数に加えた線形重回帰分析Dog.4の結果

	Estimate 推定値	…	
(Intercept)（切片）	3245.4777	…	***
Lipid（脂質）	57.9104	…	***
P. Acid（パントテン酸カルシウム）	−0.3256	…	
Protein（タンパク質）	−0.3256	…	

自由度調整済み決定係数：0.9284

代謝エネルギー ＝ 3245.4777 ＋ 57.9104 × 脂質
　　　　－ 0.3256 × パントテン酸カルシウム － 0.3256 × タンパク質

図3-19 パントテン酸カルシウムを加えた場合の診断図

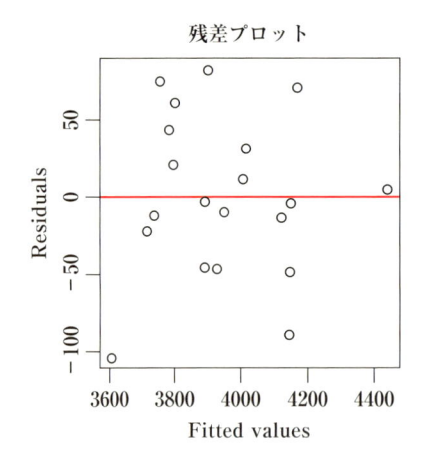

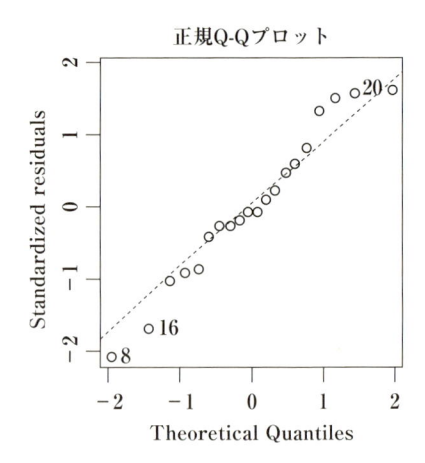

「他にはないか？　ほらっ、レストランの格付け」

「あっ。パントテン酸カルシウムとタンパク質の変数には、星も点もついていません。これらの変数の重要度はとても低いです」

3-3 線形重回帰分析

> 「よし。わけは後で話すから、もう一つ何も言わずにやってほしいことがある」

操作3-10　相互作用を取り込んだ線形重回帰分析

1. Rコマンダーのウィンドウ上部で、「データセット：」の右に青で **Dogfood03** と表示されていることを確認する。そうなっていなければ、そこに表示されている文字の上をクリックして、表示される選択肢からDogfood03を選ぶ。

2. メニューで、「統計量」→「モデルへの適合」→「線形モデル」と進む。操作説明図3-10のウィンドウが開く。

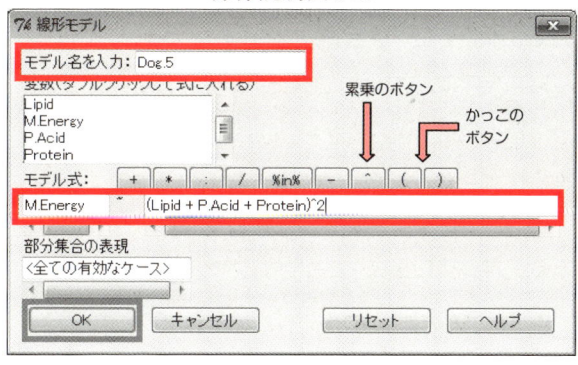

操作説明図3-10

3. 「モデル名を入力：」の右側の欄を"Dog.5"に書き換える。

4. **変数（ダブルクリックして式に入れる）** の下の欄で、まず"M. Energy"をダブルクリックする。**モデル式：** の真下の欄に"M. Energy"が入る。

5. 再度、**変数（ダブルクリックして式に入れる）** の下の欄で、左かっこのボタン()、"Lipid"、"P. Acid"、"Protein"、右かっこのボタン()と順

193

にクリックする。ただし、変数名はダブルクリック。プラス"+"の記号が自動的に挿入されて、**モデル式：**の右斜め下の欄にダブルクリックした変数の足し算が表示されていく。

6. 右かっこのボタンの次に、累乗を表すボタン^をクリックする。右かっこの右肩にボタンと同じ累乗の記号が表示されるので、その隣にマウスをあわせてクリックし、カーソルを点滅させる。その状態で、キーボードで半角数字の2を入力する。

7. **モデル式：**の下側が次のようになったことを確かめて、OKをクリックする。

M. Energy ~ (Lipid + P. Acid + Protein)^2

操作3-10を完了すると、次の出力が得られます。

表3-9　相互作用を取り込んだ線形重回帰分析Dog.5の結果

	Estimate　推定値	…	
(Intercept)（切片）	−5.106e+03	…	*
Lipid（脂質）	2.538e+02	…	***
P. Acid（パントテン酸カルシウム）	5.715e+01	…	**
Protein（タンパク質）	1.844e+02	…	**
Lipid：P.Acid	−1.356	…	**
Lipid：Protein	3.757e-02	…	
P.Acid：Protein	−1.297	…	**

自由度調整済み決定係数：0.9601

【参考】表3-9において、例えばe+03は"$\times 10^3$"、e-02は"$\times 10^{-2}$"を表します。したがって、

$$-5.106e+03 = -5.106 \times 10^3 = -5106$$

$$3.757e-02 = 3.757 \times 10^{-2} = 3.757 \times \frac{1}{10^2} = 0.03757$$

となります。

3-3 線形重回帰分析

図3-20 相互作用を取り込んだ場合の診断図

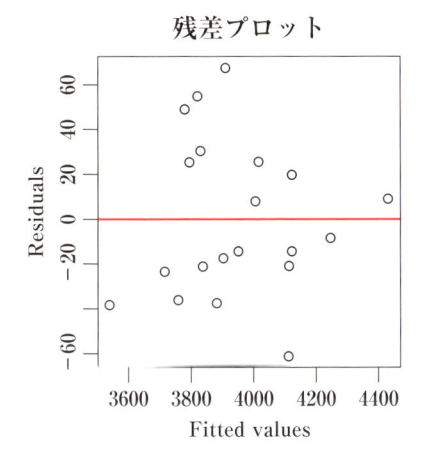

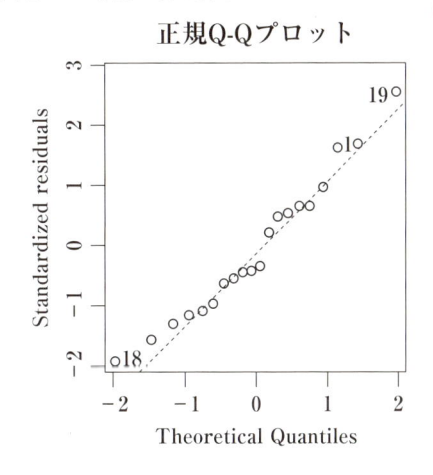

残差プロット　　　　　　正規Q-Qプロット

> 「何をしたかったのかを説明しよう。相互作用というものを取り上げたかったのだ。説明変数の中には、その変数単独では因果関係にあまり影響をおよぼさないが、別の説明変数と組にすると影響力を発揮するものがある。それが相互作用だ」

別の変数と組になって因果関係に影響力を発揮する作用のことを、**相互作用**または**交互作用**といいます。具体的には、2つの説明変数の掛け算を新たな説明変数とみなし、その変数が因果関係に与える影響力を相互作用というのです。2つの説明変数の掛け算によって表されるので、厳密には、**2次の相互作用**とよびます。2つの説明変数の相互作用は、変数名を使う場合は、コロン「：」によって表されます。表3-9の場合、次の3つが相互作用を表します。

　　　Lipid：P.Acid　　　Lipid：Protein　　　P.Acid：Protein

表現を簡潔にするために、表3-9の推定値の列の値を上から順に a_0, a_1, a_2, a_3, a_4, a_5, a_6 とし、

y = M. Energy（代謝エネルギー）　　　x_1 = Lipid（脂質）
x_2 = P. Acid（パントテン酸カルシウム）　　x_3 = Protein（タンパク質）

とおくと、回帰方程式は、次のようになります。

$$y = a_0 + a_1 x_1 + a_2 x_2 + a_3 x_3 + a_4 x_1 x_2 + a_5 x_1 x_3 + a_6 x_2 x_3$$

回帰方程式における相互作用を表す項を、**相互作用項**といいます。この式では、$a_4 x_1 x_2$、$a_5 x_1 x_3$、$a_6 x_2 x_3$ の3つが相互作用項です。

「表3-9を見ると、パントテン酸カルシウムとタンパク質の変数に星が2個つきました。パントテン酸カルシウムが関係する相互作用項にも星が2個ついています。相互作用を考えないで線形重回帰分析を行った結果の表3-8ではパントテン酸カルシウムに星がなかったのに、今度は星がつきました。先生、これには何か説明がつくのですか？」

「栄養学の辞典を見てわかる範囲のことしか言えないが、食べたものが体内で代謝エネルギーになるときにパントテン酸が果たす役割を考えると、ある程度説明がつく」

- パントテン酸カルシウムはパントテン酸とカルシウムからなる物質で、パントテン酸が主役。カルシウムは、パントテン酸が吸収されやすくするための役割で、いわば脇役
- パントテン酸は、脂質、タンパク質、炭水化物が代謝エネルギーに変わる手助けをする

「パントテン酸カルシウムは、それ自身が代謝エネルギーのもとになるわけではないので、表3-8では変数としての重要性がとても低かった。けれども、脂質やタンパク質が代謝エネルギーになる手伝いをするので、表3-9では脂質やタンパク質との組み合わせで相互作用を発揮したと考えることができます」

線形重回帰分析では、相互作用を考慮することによって、より良いあてはまり具合をもつ回帰方程式が得られることがあります。多重線形性を回避するように選んだ説明変数の組み合わせでも満足のいくあてはまり具合をもった回帰方程式が得られない場合、相互作用項を取り込んだ回帰方程式を検討するとよいでしょう。

「相互作用を取り込む前のDog.4と取り込んだ後のDog.5について、残差プロットと正規Q-Qプロット、自由度調整済み決定係数を並べて比較しよう。図3-21だ。これらの図をどのように見る？」

図3-21 相互作用の有無の比較
（図3-19と図3-20の再掲載）

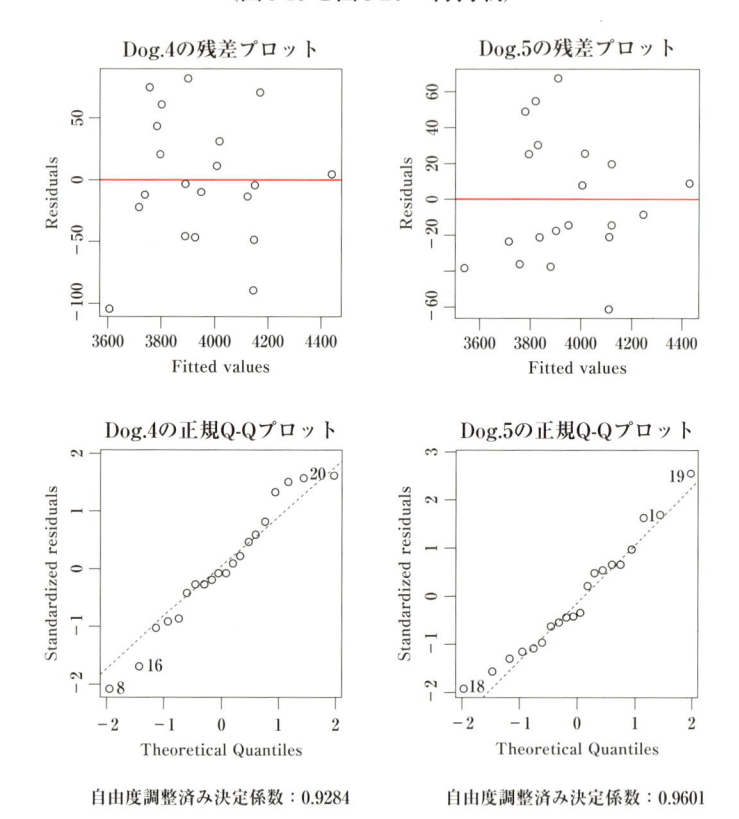

Dog.4の残差プロット / Dog.5の残差プロット

Dog.4の正規Q-Qプロット / Dog.5の正規Q-Qプロット

自由度調整済み決定係数：0.9284　　自由度調整済み決定係数：0.9601

> 「残差プロットの点のばらつきは、相互作用項を取り込む前のDog.4と取り込んだ後のDog.5で似たり寄ったりです。ただし、縦軸の目盛りの違いを考えると、各点の縦軸＝0へ近さはDog.5の方がいいです。正規Q-Qプロットは、Dog.5の方がきれいです。Dog.4の正規Q-Qプロットの点のうねりがDog.5ではかなり解消されています。表3-8と表3-9に添えてある自由度調整済み決定係数を比較すると、Dog.5の方が0.03くらいだけ大きくなっています」

「すると、Dog.5の回帰方程式の方がDog.4のものよりあてはまり具合が良いと判断できるな」

「残差プロットと正規Q-Qプロット、それに決定係数や自由度調整済み決定係数から判断すると、線形単回帰分析で求めたDog.1の回帰方程式と相互作用を取り込んで求めたDog.5の回帰方程式が、いままで求めた回帰方程式の中ではいい勝負です」

「相互作用項を含めて、説明変数をどのように選ぶかは、とても難しい問題だ。とてもよく使われている説明変数の選択の方法を次の小節で試してみて、どの回帰方程式が一番あてはまりがよいか、最終的に決着をつけることにしよう」

実習3-8

実習3-3で使用したairqualityのデータを呼び出して、次の分析を実行してください。

1. Ozone（オゾン量）を目的変数、Solar.R（太陽の放射量）、Wind（風力）、Temp（気温）の3つを説明変数にします。操作3-10の手順にならって、相互作用を考慮に入れた線形重回帰分析を実行し、回帰方程式を求めてください。「モデルの名前：」は、Ozone.3としてください。
2. Ozone.3の回帰方程式について、残差プロットと正規Q-Qプロットを描いてください。その結果を実習3-3で求めたOzone.2のものと比較し、自由度調整済み決定係数も利用して、相互作用を考慮に入れた場合と入れない場合では、どちらが因果関係をより適切に説明する回帰方程式が得られているかを判断してください。

❻ AICにもとづく最適な説明変数の選択

「線形重回帰分析って大変です。特に、説明変数の選択に苦労します」

「それでは、AICにもとづく説明変数の選択の方法とよばれるものを紹介しよう。これは、線形重回帰分析における変数選択では標準的な方法になっている。理屈はさておいて、説明変数が一番多いDog.5の回帰方程式を対象にして、早速使ってみよう」

操作3-11　AICによる説明変数の選択

1. 操作説明図3-11のようにRコマンダーのウィンドウの右上にある「モデル：」の右側に青で**Dog.5**と表示されているかどうかを確認する。**Dog.5**でないときは、操作3-4手順2の方法でDog.5をアクティブモデルに指定する。

    操作説明図3-11

2. メニューで、「モデル」→「逐次モデル選択」と進む。操作説明図3-12のウィンドウが開く。

    操作説明図3-12

3. **方向**が"減少／増加"になっていることを確認し、**基準**の印を"AIC"

に移したら、OKをクリックする。

🐱「これだけの操作でいいのですか？」

🎩「そう。これだけ」

操作3-11を行うと、Rコマンダーの下半分の出力ウィンドウに、図3-22の表示が出ます。

図3-22　AICによる説明変数の選択結果

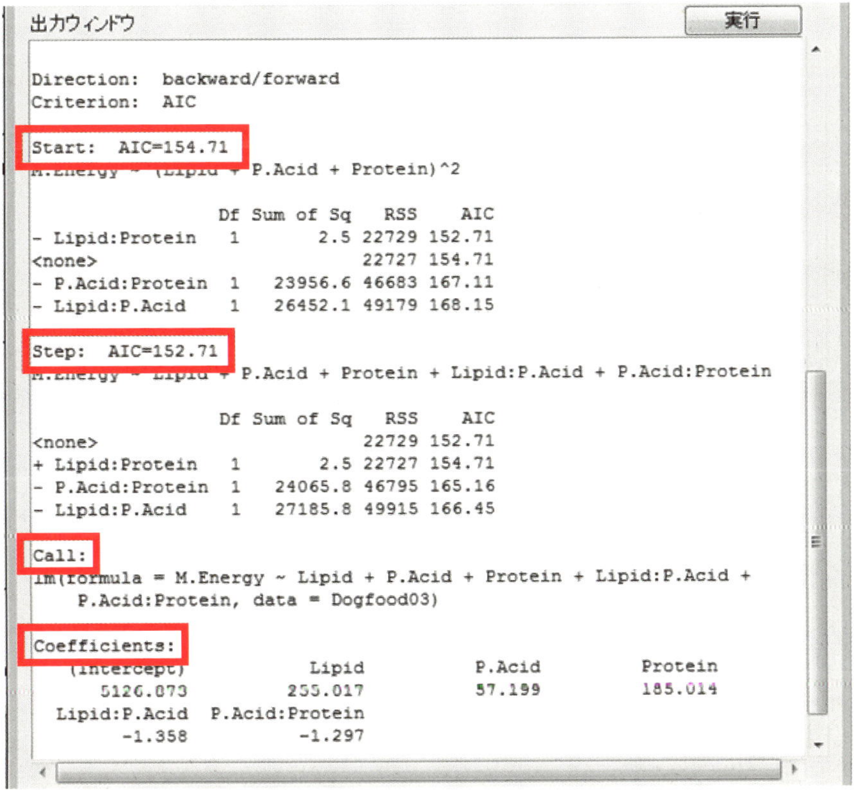

```
出力ウィンドウ                                              実行

Direction:  backward/forward
Criterion:  AIC

Start:   AIC=154.71
M.Energy ~ (Lipid + P.Acid + Protein)^2

                 Df Sum of Sq   RSS    AIC
- Lipid:Protein   1      2.5 22729 152.71
<none>                        22727 154.71
- P.Acid:Protein  1  23956.6 46683 167.11
- Lipid:P.Acid    1  26452.1 49179 168.15

Step:  AIC=152.71
M.Energy ~ Lipid + P.Acid + Protein + Lipid:P.Acid + P.Acid:Protein

                 Df Sum of Sq   RSS    AIC
<none>                        22729 152.71
+ Lipid:Protein   1      2.5 22727 154.71
- P.Acid:Protein  1  24065.8 46795 165.16
- Lipid:P.Acid    1  27185.8 49915 166.45

Call:
lm(formula = M.Energy ~ Lipid + P.Acid + Protein + Lipid:P.Acid +
    P.Acid:Protein, data = Dogfood03)

Coefficients:
    (Intercept)            Lipid          P.Acid         Protein
       5126.073          255.017          57.199         185.014
    Lipid:P.Acid   P.Acid:Protein
          -1.358           -1.297
```

操作3-11にもとづいて説明します。ここで使ったDog.5の名前をつけた回帰方程式の説明変数は、切片項（Intercept）を除くと、相互作用項も含めて次の6つがありました（表3-9も参照）。

> Lipid, P.Acid, Protein, Lipid：P.Acid, Lipid：Protein,
> P.Acid：Protein

AICによる説明変数選択の結果は、図3-22にある「Call：」という表示の下に出力されます。結果を見ると、説明変数として、切片項（Intercept）を除くと、次の5つが選ばれています。

> Lipid, P.Acid, Protein, Lipid：P.Acid, P.Acid：Protein

Lipid（脂質）とProtein（タンパク質）の相互作用項Lipid：Proteinが消えていることに注意してください。選ばれた5つの説明変数の回帰係数は、図3-22の「Coefficients：」の下に、切片項（Intercept）の値とともに表示されます。いま、

y = M. Energy（代謝エネルギー）　　　x_1 = Lipid（脂質）
x_2 = P. Acid（パントテン酸カルシウム）　　x_3 = Protein（タンパク質）

とおくと、図3-22の出力から、AICにもとづいて選ばれた最適な説明変数による回帰方程式は、次のようになります。

$$y = -5126.873 + 255.017x_1 + 57.199x_2 + 185.014x_3 - 1.358x_1x_2 - 1.297x_2x_3$$

最適な説明変数の組み合わせにおけるAICの値は、「Call：」の表示の上にある「Step： AIC =…」のところに表示されます。図3-22では、AIC=152.71です。もとになる回帰方程式が数多くの説明変数を含んでいる場合、「Step：」の表示もたくさん出ます。最適な説明変数の組み合わ

せにおけるAICの値は、「Call：」の表示に最も近いところにある「Step：AIC =…」です。

また、最適な説明変数を探すもとになった回帰方程式のAICは、「Start： AIC=…」のところに表示されます。図3-22では、AIC=154.71です。したがって、最適な説明変数の組み合わせによる回帰方程式は、もとになった回帰方程式と比べると、AICが

$$154.71 - 152.71 = 2$$

小さくなったことになります。

> 「AICにもとづいて求められた最適な説明変数の組み合わせによる回帰方程式も、名前をつけて保存しておくといい」

RコマンダーでAICにもとづいて選択された回帰方程式を保存するには、Rコマンダーの上半分のスクリプトウィンドウを使うと容易です。操作3-11を前提にして、操作3-12として実行してみましょう。

操作3-12　AICにもとづく説明変数選択結果の保存方法

1. 操作3-11を実行すると、Rコマンダーの上半分のスクリプトウィンドウに、次の表示が出ます。

    stepwise(Dog.5, direction='backward/forward', criterion='AIC')

    操作説明図3-13

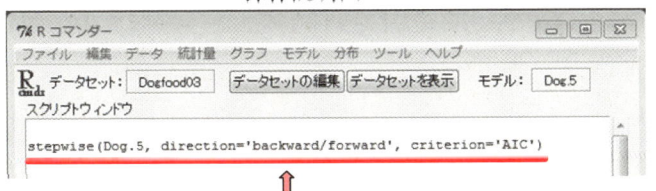

    操作3-11による表示

2. "stepwise(Dog.5,…"の表示の左端（sの文字の左）にマウスをあてて
クリックし、"Dog.6 ="とキーボードで入力する。この結果、

Dog.6 =stepwise(Dog.5, direction='backward/forward', criterion='AIC')

という表示になる（操作説明図3-14を参照）。

操作説明図3-14

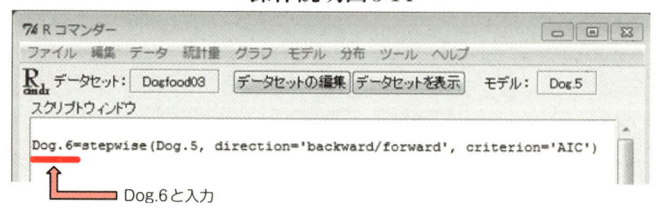

3. 操作説明図3-15のように、"Dog.6 ="を入力した行の上をマウスでドラッグし、行全体を反転表示させる。その上で、Rコマンダーのウィンドウの中央部右端にある実行ボタンをクリックする。

操作説明図3-15

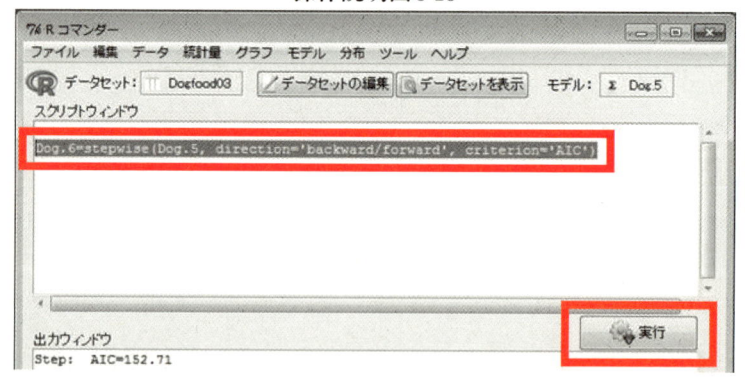

4. メニューで、「モデル」→「アクティブモデルを選択」と進むと、操作説明図3-16のウィンドウが開く。この中にDog.6の名前が入っていれば、作業は無事完了。キャンセルのボタンをクリックしてウィンドウを閉じる。

操作説明図3-16

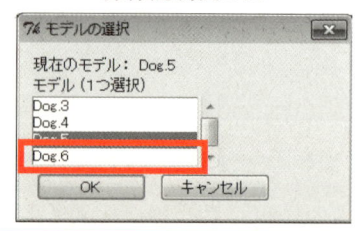

3-3 線形重回帰分析

「AICを使って得られたDog.6の回帰方程式について、あてはまり具合を診断しよう」

操作3-13　AICで得られた回帰方程式のあてはまり具合の診断

1. 操作説明図3-17のように、Rコマンダーのウィンドウの右上にある「モデル：」の右側には、現在扱う対象になっている回帰方程式につけた名前が表示されている。ここまでの操作に順にしたがっていれば、Dog.5 と表示されているはずである。この名前の上をクリックし、操作説明図3-18のウィンドウを開く。

操作説明図3-17

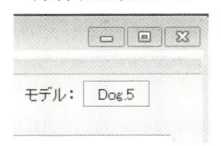

操作説明図3-18

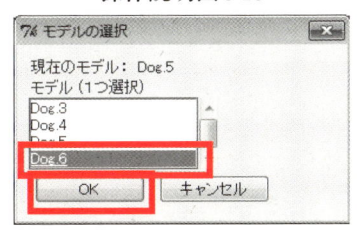

2. **モデル（1つ選択）** の選択肢でDog.6をクリックし、OKボタンをクリックする。操作説明図3-17の「モデル式：」の右の表示がDog.6に変わる。

3. メニューにおいて、「モデル」→「モデルを要約」と進む。Dog.6の回帰係数、説明変数の重要度を表す星印、自由度調整済み決定係数などがRコマンダー下半分の出力ウィンドウに表示される。

4. メニューにおいて、「モデル」→「グラフ」→「基本的診断のプロット」と進む。Dog.6について、残差プロットと正規Q-Qプロットを含むあてはまり具合診断用の4枚の図がR Graphicsのウィンドウに描かれる。

後で他の回帰方程式と比較をするために、得られた診断用の図と自由度調整済み決定係数を、Windowsに付属のワードパッド等にコピーしてお

いてください。

実習3-9

操作3-13の手順にならって、Dog.6のもとになったDog.5の回帰方程式について、自由度調整済み決定係数を求め、残差プロットと正規Q-Qプロットを描いてください。得られた結果をDog.6のものと比較して、どちらが望ましい回帰方程式であるかを判断してください。

表3-10　AICで得られた回帰方程式Dog.6の回帰係数

	Estimate　推定値	…	
(Intercept)（切片）	−5126.8732	…	*
Lipid（脂質）	255.0174	…	***
P. Acid（パントテン酸カルシウム）	57.1994	…	**
Protein（タンパク質）	185.0138	…	**
Lipid：P.Acid	−1.3580	…	**
P.Acid：Protein	−1.2975	…	**

自由度調整済み決定係数：0.963

「最初に、説明変数の重要度についてみておこう。表3-10は、AICを使って得られたDog.6のもの。Dog.6のもとになったDog.5についての結果は、表3-9だ」

「表3-9では、脂質とタンパク質の相互作用項に何も印がありませんでした。つまり、重要度がとても低い相互作用項でした。AICを使ったら、その項が落ちて、相互作用項を含むすべての説明変数に星印がついています」

「AICによって落ちた説明変数について、栄養学的な説明をつけることはできるか？」

「パントテン酸カルシウムには、脂質やタンパク質がエネルギーに変わるのを手助けする役割がありました。そこで、パントテン酸カルシウムと脂質、パントテン酸カルシウムとタンパク質の相互作用項がDog.6でも残るのは自然です。けれども、脂質とタンパク質の相互作用はないので、Dog.5ではこれらの相互作用項に重要度の高さを示す印がつきませんでした。そのため、AICを使った結果のDog.6で、その相互作用項が落ちたのだと思います」

「相互作用項が1つ落ちたことについて、栄養学のイロハの知識だけでも、自然な解釈ができるわけだ。それでは、次に、実習3-9の結果を使って、Dog.5とDog.6のあてはまり具合を比較してみよう。図3-23は、左側がAICを使う前のDog.5、右側がAICを使って得られたDog.6のものだ」

図3-23　AICを使う前後の比較

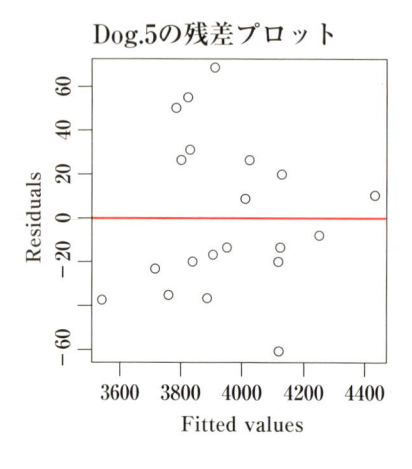

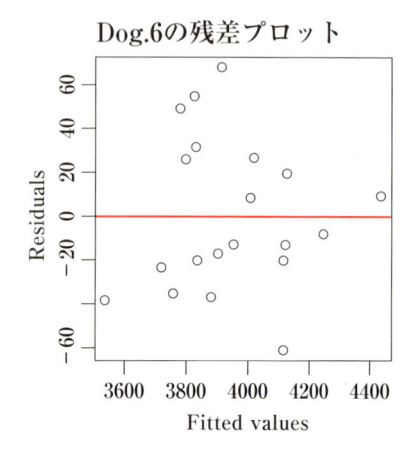

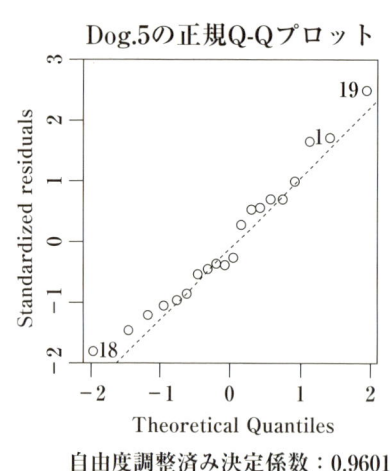

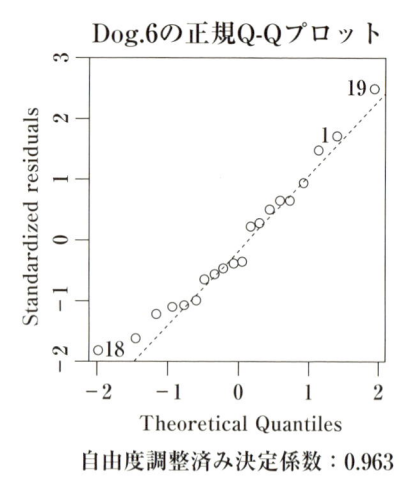

Dog.5の残差プロット

Dog.6の残差プロット

Dog.5の正規Q-Qプロット

Dog.6の正規Q-Qプロット

自由度調整済み決定係数：0.9601

自由度調整済み決定係数：0.963

「縦軸の目盛りにもきちんと注意をして観察しましたが、残差プロットは、完全と言っていいほど同じです。正規Q-Qプロットも、本当に少しの違いがあるだけで、ほとんど同じです。自由度調整済み決定係数も、小数第3位で違いが出るだけです」

3-3 線形重回帰分析

「すると、因果関係を説明するのに望ましい回帰方程式はどちらだ？」

「『説明する能力がほとんど同じなら、説明変数が少ない回帰方程式の方が良い』という基準に照らし合わせると、説明変数が1つ少ないので、Dog.6の方がDog.5より適切な回帰方程式だと判断できます」

「妥当な判断だろう。それでは、Dog.3についても…」

「先生。待ってください。そもそもAICって何でしょうか？どのような仕組みで、説明変数の組を選んでいるのでしょう」

「そうだな。使い方はわかったと思うから、仕組みをごく簡単に説明しておこう」

AICはAkaike's Information Criterionの頭文字をとったもので、日本語では赤池情報量基準といいます。線形重回帰分析に限定し、日常的な用語を使ってAICを表すと、次のように書くことができます。

AIC＝－2×(あてはまり具合の良さを表す量)＋2×(回帰係数の数)

そして、次の基準で最適な説明変数の組み合わせを決定します。

> **ポイント** さまざまな説明変数の組み合わせの中で、AICを最小にするものが最適な説明変数の組

回帰係数の数は、説明変数の数に切片項を足したものです。したがって、回帰係数の数は、説明変数の数とみなせます。一般に、説明変数の数を増やすとあてはまり具合の良さ（＝因果関係を説明する能力の高さ）は良くなります。そこで、上のAICを定める式において、右辺第1項では－2をかけること、右辺第2項では2をかけることを考慮に入れると、次のことが起こります。

● 説明変数の数を増やす

⇔ { (i) あてはまり具合の良さを表す量は大きくなる
　　(ii) 回帰係数の数は増える

⇔ { (i) 右辺第1項でAICを小さくする方向に作用する
　　(ii) 右辺第2項でAICを大きくする方向に作用する

● 説明変数の数を減らす

⇔ { (i) あてはまり具合の良さを表す量は小さくなる
　　(ii) 回帰係数の数は減る

⇔ { (i) 右辺第1項でAICを大きくする方向に作用する
　　(ii) 右辺第2項でAICを小さくする方向に作用する

　あてはまり具合の良さ、すなわち、因果関係を説明する能力の高さを上げようと思えば、説明変数の数を増やすことになります。その一方で『因果関係を説明する能力に大きな差がないならば、簡単な式の方が良い』という基準から、説明変数をあまり増やしたくないという考えがあります。
　AICは、あてはまり具合の良さと説明変数の数を天秤にかけて、両者の釣り合いがとれる点を探します。説明変数の数を変えると、天秤は右に傾いたり左に傾いたりします。そして、AICを最小にする点がちょうど釣り合いがとれる点なので、そのようになる説明変数の組を最適なものとして

決定するのです。

【参考】AICをきちんと理解するには、大学の理工系で学ぶ数学と、数理統計学とよばれる分野の知識が必要です。これらの知識をお持ちで興味のある方は、例えば次の本をご覧ください。
『情報量統計学』，坂本慶行，石黒真木夫，北川源四郎，共立出版，1983

「それでは、最初に線形重回帰分析で求めたDog.3の回帰方程式についても、AICを使って説明変数をもっと絞り込むことができるかどうか調べてみよう」

実習3-10

操作3-12の手順にならって、Dog.3の回帰方程式をもとにしたときの最適な説明変数の組み合わせを、AICを使って求めてください。また、最適な説明変数の組み合わせによる回帰方程式のAICがDog.3のAICからどれくらい小さくなっているかを調べてください。

「実習3-10を行ったら、次の結果が得られました」

最適な説明変数の組み合わせによる回帰方程式
　　　　　代謝エネルギー ＝ 3064.25 ＋ 59.81 × 脂質

✓ Dog.3のAIC ＝ 163.86
✓ 最適な説明変数の組み合わせによる回帰方程式のAIC ＝ 162.11
したがって、AICは1.75減少

「この結果から何がわかる？」

「Dog.3は、実習3-4で多重共線性を考慮に入れて、脂質とタンパク質を説明変数にして線形重回帰分析を実行して求めたものです。けれども、AICを使って説明変数を絞り込んだら、説明変数が脂質だけになってしまいました。これは、3-2節の線形単回帰分析で求めたDog.1の結果と同じです」

「ねこすけは、第5小節の多重共線性のときにも線形単回帰分析のことを口にした。覚えているか？」

「何か言いましたっけ？ 最近、ファイナンスやら心理学やら、いろいろなことがいっぺんに入ってきているもので…。ああ、思い出しました。多重共線性を考慮に入れて説明変数を1つ除いて求めたDog.3は、あてはまり具合を検討すると、線形単回帰分析で求めたDog.1にはおよばないと判断しました。そこで、説明する能力に大きな差がないので、説明変数の数が少ないDog.1の回帰方程式の方が良いと言いました」

「実習3-10の結果は、第5小節でねこすけが言ったことを裏付けているではないか。Dog.3をAICにかけると、説明する能力がとても低いタンパク質の変数が除かれて、Dog.1と同じ回帰方程式になってしまうのだ」

「そうですね！ 僕の直感って、まんざらでもないんだ」

3-3 線形重回帰分析

「この節もそろそろ幕だから、最後に決着をつけよう」

「この節では、代謝エネルギーを目的変数にして、線形単回帰分析と線形重回帰分析で、説明変数との因果関係を適切に表す回帰方程式を求めるために試行錯誤を重ねました。あてはまり具合が良いと判断したのは、Dog.1とDog.6です。最終的にどちらを選ぶか、決着をつけようとおっしゃるのですね」

「線形重回帰分析は大変だなんて言っておきながら、絶好調だ。その通り。続きもやってくれ」

「3-2節の操作3-3で求めたのが、線形単回帰分析によるDog.1の回帰方程式。3-3節で、多重共線性と相互作用を考慮に入れて線形重回帰分析を行い、AICで最適な説明変数の組み合わせを求めた結果得られた回帰方程式がDog.6です。それぞれの回帰方程式は、次の通りです」

変数名を次のようにおきます。
y = M. Energy（代謝エネルギー）　　　x_1 = Lipid
x_2 = P. Acid（パントテン酸カルシウム）　x_3 = Protein（タンパク質）

$\Rightarrow$
- Dog.1 : $y = 3064.24 + 59.81 x_1$
- Dog.6 : $y = -5126.8732 + 255.0174 x_1 + 57.1994 x_2$
  　　　　$+ 185.0138 x_3 - 1.3580 x_1 x_2 - 1.2975 x_2 x_3$

「Dog.1とDog.6について、残差プロットと正規Q-Qプロット、それに、決定係数と自由度調整済み決定係数を比較します。図3-24です」

図3-24　Dog.1とDog.6のあてはまり具合の比較

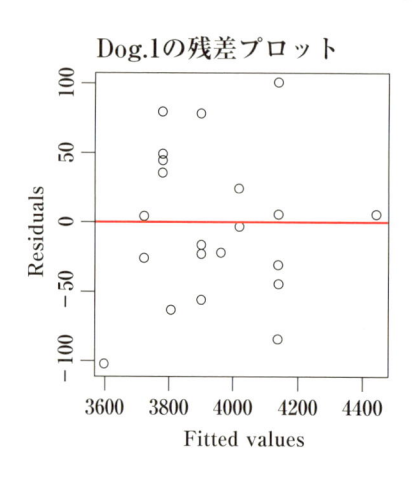

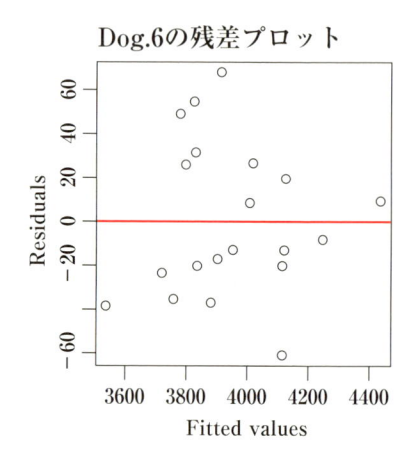

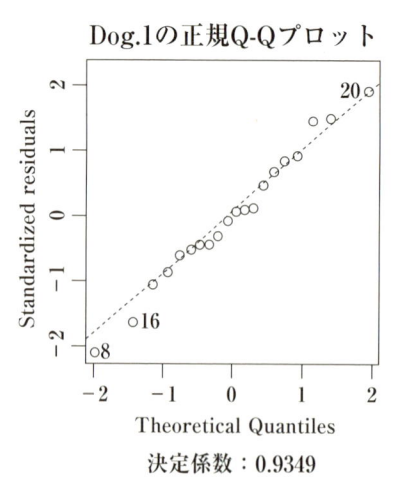

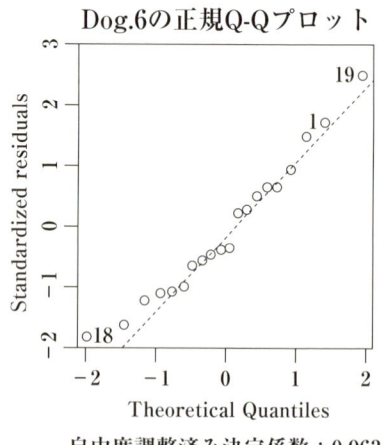

Dog.1の残差プロット　　　　Dog.6の残差プロット

Dog.1の正規Q-Qプロット　　Dog.6の正規Q-Qプロット

決定係数：0.9349　　　　　自由度調整済み決定係数：0.963

3-3 線形重回帰分析

「うーん」

「どちらに決める？」

「難しいところですが、因果関係を最も適切に表現している回帰方程式として、最終的にDog.1を選びます。根拠は次の通りです」

- 残差プロットは、Dog.6の方が縦軸＝0の直線に集まっているが、Dog.1の方が点のばらつき具合に癖が少ない
- 正規Q-Qプロットは、いずれも左下で点線から外れている点があるが、全体として点の点線からの外れ具合に大きな差は見られない
- Dog.1の決定係数とDog.6の自由度調整済み決定係数を比較すると、Dog.6の方が0.03くらい良くなっている。けれども、説明変数の数は、Dog.1は1個。Dog.6は、相互作用項を含めれば5個で、相互作用項を含めなくても3個

⬇

「因果関係を説明する能力に大きな差がないならば、説明変数が少ない回帰方程式の方が良い」という基準に照らして、Dog.1を選択

「結局、振り出しに戻りました」

「第2小節でも触れたが、線形単回帰分析によるDog.1の結果では、決定係数が0.9349あり、残差プロットも正規Q-Qプロットも、かなりいい結果を出していた。しかし、相互作用まで考えたら、因果関係をもっと適切に表現できる回帰方程式が得られるかもしれない。Dog.1が最も良いと判断できたのは、他にも回帰方程式を作ってあてはまり具合を比較した上でのことだ。はじめからそうとわかることではない」

「多重共線性や相互作用のことも考えて、AICも利用して、候補をいくつか作って比較して、その中から因果関係を最も適切に説明する回帰方程式を選ぶ必要があるのですね」

「おいしいものを作ろうと思ったら、それなりに手間がかかるのと同じこと。より良いもの、よりふさわしいものを手にしようと思ったら、手間を惜しんではいけない」

「Dogfood03のデータとは別に、airqualityのデータを使って読者のみなさんに進めてもらっていたオゾン量の問題は、どうなったでしょう」

「読者のみなさんにAICを使ってもらい、オゾン量の問題に関する問題でも、最も適切な回帰方程式を決めていただくことにしよう」

3-3 線形重回帰分析

実習3-11

1. 実習3-8で、airqualityのデータを使い、相互作用も考慮に入れた回帰方程式をOzone.3という名前で求めました。このOzone.3をもとにして、AICを使って最適な説明変数の組み合わせを求めてください。もしOzone.3とは異なる回帰方程式が得られたならば、操作3-12の手順にならって、その回帰方程式をOzone.4という名前をつけて保存してください。

2. airqualityのデータを使ったオゾン量を目的変数とする回帰方程式として、Ozone.1、Ozone.2、Ozone.3、Ozone.4が求まりました。残差プロットと正規Q-Qプロット、自由度調整済み決定係数（Ozone.1は決定係数）を比較して、4つの回帰方程式の中から最もあてはまり具合が良い回帰方程式を決定してください。

【実習3-11のために】
1. Ozone.1、Ozone.2、Ozone.3、Ozone.4は名前をつけて保存してある回帰方程式なので、操作3-13の手順にしたがえば、これらを分析対象の回帰方程式として呼び出すことができます。図3-25のように、Rコマンダーのウィンドウの右上にある「モデル：」の右に青で表示されるのが分析対象になっている回帰方程式です。

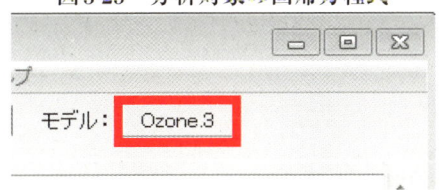

図3-25 分析対象の回帰方程式

2. 図3-25のように分析対象の回帰方程式を呼び出してあれば、新たに回帰方程式を求めることなく、メニューから次のように操作をして、あてはまり具合の診断図（残差プロットと正規Q-Qプロット）や自由度調整済み決定係数を得ることができます。

- 自由度調整済み決定係数：「モデル」→「モデルを要約」
- あてはまり具合の診断図：「モデル」→「グラフ」→「基本的診断プロット」

3-4 モデルのあてはめ

　好きな動物を真似て、粘土をこねたり、木を彫刻刀で削ったりしたことがある方も多いことでしょう。こうしてできるものは、動物の模型、すなわちモデルです。美術では、動物の特徴的な部分を誇張して表現した方が、迫力のあるモデルができることがあります。例えば、雄ライオンのたてがみ、ゴリラの胸、ゾウの牙などです。統計の世界にも、データにあてはめるモデルがあります。けれども、統計のモデルはデータの構造を適切に説明するものであることが必要で、粘土細工の動物のように現実を離れて誇張するものであってはいけません。線形回帰分析があてはまり具合の診断を必要とするのは、それが線形モデルというモデルのあてはめだからなのです。

さあ、どうぞ！

「式だけ見るとそれほど難しくはないのに、線形重回帰分析は大変でした。回帰方程式のあてはまり具合を診断することはもちろんですが、多重共線性や相互作用も考慮に入れなければなりませんでした」

「実は、まだ序の口なのだ。初めて学ぶ人に最初からあれこれ注文をつけたら、使う気も起こらなくなってしまうかもしれない。使ってみて初めてわかることも多いから、線形重回帰分析を使うときに最低限必要な注意事項だけを取り上げた」

「線形単回帰分析はまだよいとして、線形重回帰分析は、なぜ細かい注意事項が多いのですか？　第1章で学んだクラスタ分析や第2章で学んだ主成分分析と比べると、根本的なところで違いがあるように感じます」

「コンピュータを離れて、その問題を少し考えてみよう。ねこすけ。クラスタ分析と主成分分析では、結末をどのようにつけた？」

「クラスタ分析では分析の結果得られた各クラスタがどのような特徴を持ったグループであるかを解釈し、主成分分析では、得られた主成分の解釈を与えました」

「分析をはじめるときの前提条件は？」

「数値型のデータであること以外、特になかったと思います。クラスタ分析は距離を測ることができればよく、主成分分析は、相関係数行列が計算できれば大丈夫でした」

「線形回帰分析は、そこが違うと思わないか？」

「言われてみればそうです。因果関係と、ある程度の相関の強さが前提にあって、それに回帰方程式で表される回帰直線や回帰平面をあてはめようとしました。4次元以上の回帰平面は、いまだにSFの世界ですが」

「その"あてはめ"がポイントだ。クラスタ分析や主成分分析にはあてはめがない。ところが、線形回帰分析は、回帰方程式のあてはめなのだ」

- クラスタ分析や主成分分析は、似たもの同士のクラスタに分けたり、データを眺める視点を変えて主成分を取り出したりして、得られた結果について解釈を与える。データに対して事前に何らかの想定をすることはしないで適用できる
- 線形回帰分析は、目的変数と説明変数の因果関係が線形関数で表現できそうだという事前の想定のもとに、回帰方程式をあてはめる。因果関係を表す回帰方程式のことを、**線形モデル**ともいう

「つまり、線形回帰分析は、因果関係が想定できるデータに対して線形モデルを人為的にあてはめる作業だと言える」

「ところが、あてはめた線形モデルが、実はデータの因果関係を適切に表現するのに十分ではない、あるいは、まったく的外れである可能性もある。そこで、あてはめた回帰方程式、つまり、線形モデルのあてはまり具合の診断が必要なのですね」

「そういうこと。多重共線性の可能性を検討したり、相互作用を考慮したりするのも、より良い線形モデルをデータにあてはめるための工夫だ」

「統計には、数多くの分析方法があります。先生の説明から察すると、線形回帰分析に限らず、猫や人が猫為的や人為的に何らかのモデルをデータにあてはめようとする分析方法で

は、あらかじめ検討や工夫をしたり、データにあてはめた結果の検証をしたりする作業が欠かせないと思います」

「データに対してあらかじめ施しておく方法や、あてはまり具合の診断に使う図や指標は、必ずしも同じではない。分析方法によって、使うものはほぼ決まっている。ただし、モデルのあてはめに共通する作業は、ねこすけの言うとおりだ」

「線形単回帰分析で直線をあてはめるところまでは、直感だけでなんとかなりました。それが、残差プロットと正規Q-Qプロットあたりで雲行きが怪しくなって、線形重回帰分析になると、本当に大変でした。そうなったのは、実は、モデルのあてはめという考え方があったからなのですね」

「ただ、ねこすけが感じたように、線形単回帰分析は『このような感じ』という直感が働く分析方法だ。そして、線形単回帰分析で使う残差プロット、正規Q-Qプロット、決定係数を使ったモデルのあてはまり具合の診断方法は、少し形を変える、あるいは、ほとんどそのままの形で、モデルのあてはめを行う他の分析手法に応用できる。線形単回帰分析の方法をきちんと身につけておけば、データ解析の学習を進めていく上で、後々とても役に立つだろう。線形重回帰分析も、線形単回帰分析の発展形だからな。説明変数が増えた分、多重共線性や相互作用、AICが入ってきたが、あてはまり具合の診断方法は同じだっただろう」

「それを聞いて安心しました」

この章のまとめ

- 相関関係は、因果関係がもとになっているものがある
- 2つの変数が因果関係を持つとき、線形単回帰分析を行うと、その関係を簡潔に表す直線を引き、直線を表す回帰方程式を求めることができる
- 求めた回帰方程式については、あてはまり具合を診断して、因果関係をどのくらい適切に説明しているかを検証することが必要
  - ✓ 診断する図は残差プロットと正規Q-Qプロット
  - ✓ 診断する数字は決定係数
- 原因が複数あるときは、線形重回帰分析で回帰方程式を求める
- 線形重回帰分析でも、あてはまり具合の診断が必要
- 線形重回帰分析を行うときの注意事項
  - ✓ 多重共線性
  - ✓ 相互作用
- 線形重回帰分析における適切な説明変数の選択には、AICが利用可能
- モデルのあてはめでは、あてはめ具合のきちんとした検証が必要

Column

　3-4節にあるように、線形単回帰分析と線形重回帰分析は「モデルのあてはめ」であるため、いろいろと細かい注意があります。本書で説明できなかったこともたくさんあります。興味を持った方は、例えば次の本を見てください。

☐ **3-2節第2小節**

- 決定係数

  姉妹編第4分冊『回帰分析超入門』，前野昌弘，技術評論社，2011
  　　　　　　　　　　　（直接関係があるのは2-4節です）

- 曲線を用いた回帰分析

  線形関数以外で因果関係を表現する方法については、例えば、次の本をご覧ください。

  姉妹編第4分冊『回帰分析超入門』，前野昌弘，技術評論社，2011
  　　　　　　　　　　　（直接関係があるのは2-2節です）

  曲線で因果関係をとらえる方法も説明されています。

- 正規分布

  姉妹編第2分冊『検定・推定超入門』，前野昌弘，技術評論社，2011

- 残差の分布

  残差の分布が正規分布になることは、数学的にきちんと導き出すことができます。数学が得意で興味のある方は、次の本の4.3節をご覧ください。

  『回帰分析』，佐和隆光，朝倉書店，1979

☐ **3-2節第3小節**

- 回帰分析の名前の由来

  姉妹編第4分冊『回帰分析超入門』，前野昌弘，技術評論社，2011
  　　　　　　　　　　　（直接関係があるのは2-2節です）

□ 3-2節第6小節
- AIC

  AICをきちんと理解するには、大学の理工系で学ぶ数学と、数理統計学とよばれる分野の知識が必要です。これらの知識をお持ちで興味のある方は、例えば次の本をご覧ください。

『情報量統計学』, 坂本慶行, 石黒真木夫, 北川源四郎, 共立出版, 1983

付録1　データセットのダウンロード

この本で学習するために必要なデータセットは、以下の手順でダウンロードできます。なお、ダウンロード手順は、Windows 7またはWindows Vistaでインターネット・エクスプローラ9を使用している状況を前提に説明をしています。Windows 8またはWindows XPをお使いの方は、以下の操作の第1項目を行って本書のサポートページを開き、"**Windows 8をお使いの方**"または"**Windows XPをお使いの方**"のリンクをクリックして、それぞれのOSにおけるダウンロード手順にならってください。

データセットのダウンロード

1. YahooやGoogleなど、普段お使いの検索用ホームページを開いて、次の3つの語句を組にして検索を行ってください。

    技術評論社 サポートページ　多変量解析超入門

検索結果の上位（検索結果の1ページ目）に、次のような表現のリンクが見つかります。

サポートページ書籍サポート：本当に使えるようになる多変量解析超入門

このリンクをクリックすると、操作説明図A-1のウィンドウが開きます。これは、技術評論社のホームページの中に設けられた本書のサポートページです。

操作説明図A-1 操作説明図A-2

【注意】操作説明図A-1はサポートページの試行版です。みなさんがご覧になるときは、デザインが変更されているかもしれません。

【参考】Yahoo!やGoogleの検索で操作説明図A-1のページにたどり着けなかったときは、お手数ですが、次のURLを使って操作説明図A-1のページを直接開いてください。

> http://gihyo.jp/book/2013/978-4-7741-5630-9

2. サポートページ内の「ダウンロード」の項目にある"データセット"のリンクをクリックすると、操作説明図A-2のウィンドウが開きます。中央の「保存(S)」をクリックしてください。インターネット・エクスプローラのウィンドウの下部に、

> DataSet.zipのダウンロードが完了しました．

という表示が出ます。この表示と同じ枠内に フォルダーを開く (P) というボタンがあるので、それをクリックします。

付録1　データセットのダウンロード

3. 操作説明図A-3の「ダウンロード」のフォルダが開き、"DataSet"というファイルがあることがわかります。このファイルをダブルクリックすると、操作説明図A-4のように「多変量解析データセット」という名前のフォルダが現れるので、これをさらにダブルクリックします。

4. 操作説明図A-5のように、本書で使用するデータのファイルが表示されます。ウィンドウの左上部に、

操作説明図 A-3

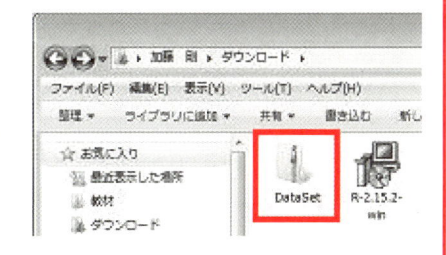

操作説明図 A-4

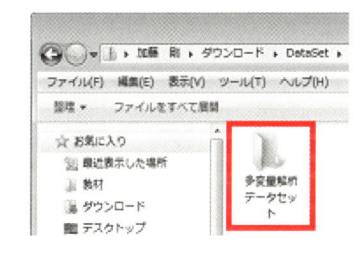

ファイルをすべて展開

という表示があるので、これをクリックします。

操作説明操作説明図 A-5

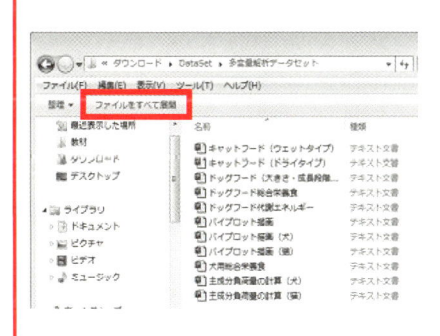

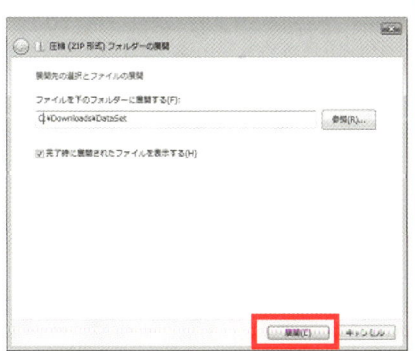

操作説明図 A-6

5. 操作説明図A-6の"圧縮（ZIP形式）フォルダーの展開"という名前のウィンドウが開きます。変更を加えずに、そのまま右下にある 展開(E) のボタンをクリックします。

6. 操作説明図A-7のウィンドウが表示され、「多変量解析データセット」というフォルダがあることがわかります。このフォルダの中に、学習で使用するデータセットのファイルが収められています。

操作説明図 A-7

7. 手順6で確認した「多変量解析データセット」のフォルダは、「ダウンロード」のフォルダの中にある「DataSet」というフォルダの中に作られています。この場所のままでは後々使いにくいので、読者のみなさんにとって都合がよい場所、例えば、デスクトップの上や「ドキュメント」のフォルダの中へコピーを作っておいてください。

　第1章から始まる学習の中で、例えば"「多変量解析データセット」のフォルダから…"という記述をするときは、読者のみなさんが使い勝手のよい場所にコピーを作った「多変量解析データセット」のフォルダを指すことにします。

付録2　外部データの取り込み方

　付録1の手順にしたがってサポートページからダウンロードしたデータファイルは、次の手順でRコマンダーに取り込むことができます。第1章で最初に使用するCatfood01のデータファイルを例にして説明します。

外部データの取り込み

1. Windowsの左下にある「スタート」をクリックし、「すべてのプログラム」→「アクセサリ」→「ワードパッド」と進み、簡易ワープロソフトのワードパッドを起動する。

2. 操作説明図B-1にあるように、ワードパッドの左上にある下向き矢印のついている青いタブをクリックし、表示される選択肢から「開く」を選ぶ。"開く"という名前のついたウィンドウが開く。

操作説明図B-1

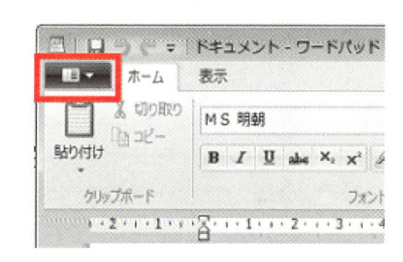

【注意】Windows 8とWindows XPの場合は操作が異なる。サポートページを参照。

3. 「データセット」のフォルダを指定して開き、その中にある"キャットフード（ウェットタイプ）"というファイルをダブルクリックする。ファイルの内容が表示される。

4. 操作説明図B-2にあるように、ワードパッドのウィンドウの右上にある「すべて選択」をクリックして、データすべてを反転表示させる。

操作説明図B-2

5. 反転表示させたデータの上でマウスを右クリックし、コピーを選ぶ。

6. 操作説明図B-3は、Rコマンダーのウィンドウの上部を表示したものである。ファイル、編集、データ、…、ヘルプと表示されている行をメニューとよぶ。メニューから「データ」を選び、表示される選択肢の中から「データのインポート」→「テキストファイル、クリップボード、またはURLから…」と進む。操作説明図B-4のウィンドウが表示される。

操作説明図B-3

操作説明図B-4

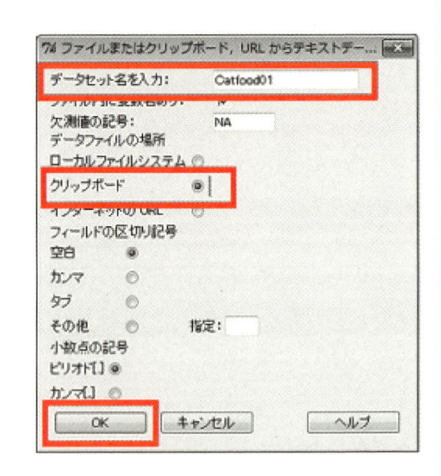

7. 操作説明図B-4のウィンドウで、「データセット名を入力:」の箇所にCatfood01と入力し、**データファイルの場所**では"クリップボード"に印をつける。他は変更をせずに左下の OK をクリックする。

8. 操作説明図B-5のように、Rコマンダーのウィンドウのメニューの下にある「データセット:」の欄に**Catfood01**と表示されれば取り込みは無事に完了。

操作説明図B-5:

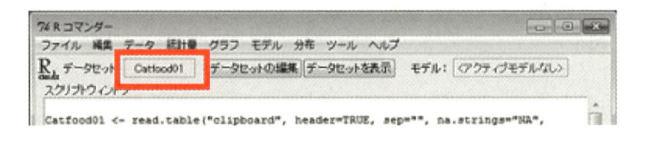

付録3　内部データの呼び出し方

　airqualityという大気汚染に関するデータを例にして、Rコマンダー内部に用意されているデータを呼び出す方法を説明します。

Rコマンダー内部に用意されているデータの呼び出し

1. 操作説明図C-1のように、Rコマンダーのウィンドウ上部でファイルからヘルプまでの9項目が並んだメニューから、「データ」→「パッケージ内のデータ」→「アタッチされたパッケージからデータセットを読み込む…」と進む。操作説明図C-2のウィンドウが表示される。

2. 左側の **パッケージ（ダブルクリックして選択）** で"datasets"をダブルクリックし、右側の **データセット（ダブルクリックして選択）** の欄に表示される選択肢で"airquality"をダブルクリックして、最後に OK を押す。

   操作説明図C-1

   操作説明図C-2

3. 操作説明図C-3のように、Rコマンダーのウィンドウ上部にある「データセット：」の右隣に **airquality** と青で表示されれば取り込み完了。

   操作説明図C-3

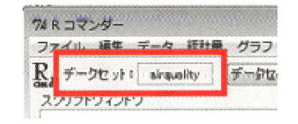

【参考】Rコマンダーには、実際の計測や調査にもとづくデータが数多く用意されています。おもしろそうなデータを探して、この本で学んだことを試してみると理解が深まるでしょう。ただし、実習の目的にかなうデータを探すには、少し時間がかかるかもしれません。また、変数名やデータの出典元に関する記述は、すべて英語です。

付録4　n個の変数を使った主成分分析の理論的背景

「n個の変数を使った主成分分析の場合の、主成分の軸の取り方や寄与率の計算方法は、以下の通り。3-3節第3小節で説明した2変数の場合の考え方を自然に拡張するだけだ」

■ n 変数の場合の主成分の軸の取り方

1. n 変数の相関係数行列が、次の形で与えられているとする。

$$\begin{pmatrix} 1 & r_{12} & r_{13} & \cdots & r_{1n} \\ r_{12} & 1 & r_{23} & \cdots & r_{2n} \\ r_{13} & r_{23} & 1 & & \vdots \\ \vdots & \vdots & & \ddots & r_{n-1\,n} \\ r_{1n} & r_{2n} & \cdots & r_{n-1\,n} & 1 \end{pmatrix}$$

各 r_{ij} は第 i 変数と第 j 変数の相関係数なので、$-1 \leq r_{ij} \leq 1$。さらに、この行列は、右下がりの1の並びに関して右上と左下が対称な対称行列。

2. 次の方程式を解いて、固有値と、各固有値に対応する固有ベクトルを求める。

$$\begin{pmatrix} 1 & r_{12} & r_{13} & \cdots & r_{1n} \\ r_{12} & 1 & r_{23} & \cdots & r_{2n} \\ r_{13} & r_{23} & 1 & & \vdots \\ \vdots & \vdots & & \ddots & r_{n-1\,n} \\ r_{1n} & r_{2n} & \cdots & r_{n-1\,n} & 1 \end{pmatrix} \begin{pmatrix} x_1 \\ x_2 \\ \vdots \\ x_{n-1} \\ x_n \end{pmatrix} = \lambda \begin{pmatrix} x_1 \\ x_2 \\ \vdots \\ x_{n-1} \\ x_n \end{pmatrix},$$

$x_1^2 + x_2^2 + \cdots + x_n^2 = 1$ （単位固有ベクトルを求める条件）

この方程式を解くことは、次の連立方程式を解くことと同じ。

付録4　n個の変数を使った主成分分析の理論的背景

$$\begin{cases} x_1 + r_{12}x_2 + r_{13}x_3 + \cdots + r_{1n}x_n = \lambda x_1 \\ r_{12}x_1 + x_2 + r_{23}x_3 + \cdots + r_{2n}x_n = \lambda x_2 \\ \quad\quad\quad\quad\quad \vdots \\ r_{1n}x_1 + r_{2n}x_2 + r_{3n}x_3 + \cdots + x_n = \lambda x_n \end{cases}$$

$x_1^2 + x_2^2 + \cdots + x_n^2 = 1$（単位固有ベクトルを求める条件）

　数学の理論として、相関係数行列の固有値は正または0であり、負にはならない。また、上の連立方程式は、重根を2個、3重根を3個と数えると、n個の実数解をもつ。実際のデータ解析では、固有値が0になったり、重根や3重根が生じたりすることはまずない。

3. 2の方程式を解いて得られるn個の固有値について、大きい方から小さい方へ、順にλ_1、λ_2、…、λ_nと記す。そして、固有値λ_iに対応する単位固有ベクトルをu_iと記す。つまり、n個の固有値と対応する単位固有ベクトルは、次のような関係をもつ。

固有値　　　：$\lambda_1 > \lambda_2 > \cdots > \lambda_n > 0$
　　　　　　　　$\updownarrow$　　$\updownarrow$　　　$\updownarrow$
単位固有ベクトル：　u_1　　u_2　　　u_n

4. 単位固有ベクトルを用いて、次のように主成分の軸を定める。
   (1) 第1主成分の軸＝u_1の向きに沿って引いた直線
   (2) 第2主成分の軸＝u_2の向きに沿って引いた直線
   　⋮　　　　⋮　　　　　　⋮
   (n) 第n主成分の軸＝u_nの向きに沿って引いた直線

■主成分の軸が互いに直交すること

　空間座標における2つのベクトル$a = (a_1, a_2, a_3)$と$b = (b_1, b_2, b_3)$の内積は、高校の数学で学ぶように、

$$a \cdot b = a_1b_1 + a_2b_2 + a_3b_3$$

で定義される。そして、

233

$$a \cdot b = 0 \Leftrightarrow a と b は互いに直交（垂直に交わる）$$

であった。

一般に n 個の要素が並んだ2つの列ベクトル（n 次元列ベクトル）

$$a = \begin{pmatrix} a_1 \\ a_2 \\ \vdots \\ a_n \end{pmatrix}, \quad \beta = \begin{pmatrix} \beta_1 \\ \beta_2 \\ \vdots \\ \beta_n \end{pmatrix}$$

について、その内積を空間座標の場合の自然な拡張として、

$$a \cdot \beta = a_1 \beta_1 + a_2 \beta_2 + \cdots + a_n \beta_n$$

で定める。そして、n 次元ベクトルは図に描くことはできないが、これも空間座標における考え方を拡張して、

$$a \cdot \beta = 0 \Leftrightarrow a と \beta は互いに直交（垂直に交わる）$$

と定義する。

このように n 次元ベクトルに対する直交性の用意をしておくと、相関係数行列の互いに異なる固有ベクトル

$$u_i = \begin{pmatrix} u_{i1} \\ u_{i2} \\ \vdots \\ u_{in} \end{pmatrix}, \quad u_j = \begin{pmatrix} u_{j1} \\ u_{j2} \\ \vdots \\ u_{jn} \end{pmatrix} \qquad (i \neq j)$$

について、

$$u_i \cdot u_j = 0$$

が成り立つこと、すなわち、u_i と u_j が互いに直交することを数学の理論として示すことができる。したがって、互いに異なる固有ベクトルの向きにもとづいて定められる主成分の軸も互いに直交する。

■ n 変数の場合の寄与率と累積寄与率

相関係数行列の固有値について、$\lambda_1 > \lambda_2 > \cdots > \lambda_n > 0$ という大小関係があるとする。

● 寄与率

第 i 主成分の寄与率は、次の式で計算する。

付録4　n個の変数を使った主成分分析の理論的背景

$$\frac{\lambda_i}{\lambda_1 + \lambda_2 + \cdots + \lambda_n} \quad (i = 1, 2, \cdots, n)$$

　実際のデータ解析における相関係数行列の固有値はまず間違いなく正の値なので、寄与率も正の値になる。

　第i主成分の軸方向のばらつきの大きさ、つまり、第i主成分得点のばらつきの大きさを分散を基準にして測るとき、分散は固有値λ_iに一致することが数学の理論として示せる。そこで、データ全体のばらつきの総量に占める第i主成分の軸方向のばらつきの大きさの割合を、第i主成分の寄与率として上の式で定める。

　固有値の大小関係から第1主成分の寄与率が最も大きくなるので、第1主成分がデータ全体の中で最も多くの情報をもっているとみなせる。

● 累積寄与率

　第i主成分までの累積寄与率は、第1主成分から第i主成分までの寄与率の和である。したがって、寄与率の定義式を用いて、

$$\frac{\lambda_1 + \cdots + \lambda_i}{\lambda_1 + \lambda_2 + \cdots + \lambda_n} \quad (i = 1, 2, \cdots, n)$$

によって計算する。例えば、第3主成分までの累積寄与率は、次のようになる。

$$\frac{\lambda_1 + \lambda_2 + \lambda_3}{\lambda_1 + \lambda_2 + \cdots + \lambda_n}$$

　特に、データに関して各主成分がもっている情報（＝各主成分得点のばらつき具合）の総和はデータ全体の情報（＝データ全体のばらつきの総量）に等しいので、第n主成分までの累積寄与率について、

$$\frac{\lambda_1 + \lambda_2 + \cdots + \lambda_n}{\lambda_1 + \lambda_2 + \cdots + \lambda_n} = 1$$

が成り立つ。

【参考】主成分分析の数学的な理論に興味がある方は、例えば、次の本をご覧ください。
『多変量解析概論』（統計ライブラリー）、塩谷実、朝倉書店、1990

◆データ出典
ロイヤルカナン ジャパン合同会社
　　　www.royalcanin.co.jp/breeder/pdf/productbook_breed_cat.pdf
　　　www.royalcanin.co.jp/breeder/pdf/productbook_breed_dog.pdf

◆参考文献（統計とデータ解析に関すること）
●姉妹図書
本書の中で参照した姉妹図書は以下の通りです。
- [1]「フリーソフト『R』ではじめる 統計処理超入門」，加藤剛，技術評論社，2012
- [2]「フリーソフト『R』ではじめる 心理学統計入門」，実吉綾子，技術評論社，2013
- [3]「仮説を検証し母集団を調べる 検定・推定超入門」，前野昌弘，技術評論社，2011
- [4]「直線と曲線でデータの傾向をつかむ 回帰分析超入門」，前野昌弘，技術評論社，2011
- [5]「『R』でおもしろくなるファイナンスの統計学」，横内大介，技術評論社

●多変量解析に関する数学的理論
- [6]「情報量統計学」，坂元慶行，石黒真木夫，北川源四郎，北川敏男，共立出版，1983
- [7]「回帰分析」，佐和隆光，朝倉書店，1979
- [8]「多変量解析概論」，塩谷実，朝倉書店，1990
- [9]「数理統計学―基礎から学ぶデータ解析」，鈴木武，山田作太郎，内田老鶴圃，1996

●R本体（キーボード入力）によるデータ解析
- [10]「Rによる統計解析」，青木繁伸，オーム社，2009
- [11]「The R Tips―データ解析環境Rの基本技・グラフィックス活用集」（第2版），舟尾暢男，オーム社，2009

◆Rに関する参考ホームページ
RjpWiki（筑波大学　岡田昌史先生管理），http://www.okada.jp.org/RWiki/

◆参考文献（栄養素と栄養学に関すること）
- [12]「岩波 理化学辞典」（第5版），長倉三郎 他（編集），岩波書店，1998
- [13]「食生活と栄養の百科事典」，中村丁次（編集），丸善，2005
- [14]「広辞苑」（第6版），新村出（編著），岩波書店，2008
- [15]「化学の不思議がわかる本」，満田深雪（監修），成美堂出版，2006

索　引

英字・数字

AIC …………………………… 209

あ行

赤池情報量基準 ………………… 209
因果関係 ………………………… 141
ウォード法 ……………………… 39
McQuitty法 …………………… 39

か行

回帰
　〜係数 ……………………… 147, 170
　〜直線 ……………………… 145
　〜平面 ……………………… 172
　〜方程式 …………………… 47, 170
完全連結法（最長距離法）…… 39
寄与率 ………………………… 96
クラスタ ……………………… 25
　〜分析 ……………………… 23
群平均法 ……………………… 39

系列相関 ……………………… 152
交互作用 ……………………… 195
固有値 ………………………… 116
固有ベクトル ………………… 116

さ行

最小2乗
　〜基準 ……………………… 160, 174
　〜法 ………………………… 160, 174
残差 …………………………… 160, 173
　〜プロット ………………… 150, 175
3次元散布図 ………………… 86
散布図行列 …………………… 138
次元縮約 ……………………… 99
資本資産評価モデル（CAPM） 160
重心法 ………………………… 39
自由度調整済み決定係数 …… 175
樹形図（デンドログラム）… 23
主成分
　〜得点 ……………………… 104
　〜負荷量 …………………… 104

～分析 …………………… 99
スクリープロット ……………… 95
正規Q-Qプロット ……… 150, 175
説明変数 ………………… 147, 170
　被〜 …………………… 147, 170
線形
　～回帰分析 ………………… 170
　～関数 ……………………… 181
　～結合 ……………………… 181
　～重回帰分析 ……………… 170
　～単回帰分析 ……………… 147
　～モデル ……………… 181, 220
相関関係 ……………………… 141
相関係数行列 ………………… 138
相互作用 ……………………… 195
　～項 ………………………… 196
　2次の～ …………………… 195

た行

多重共線性 …………………… 183
単位固有ベクトル …………… 116

単連結法（最短距離法）……… 39
超過リターン ………………… 166
直交 …………………………… 92

は行

バイプロット …………… 69, 104
不偏分散 ……………………… 127
分散 …………………………… 127
ベクトル
　行〜 ………………………… 117
　零〜 ………………………… 117
　列〜 ………………………… 117

ま行

メディアン法 ………………… 39
目的変数 ………………… 147, 170

ら行

累積寄与率 …………………… 97

■著者横顔紹介
加藤 剛（Kato Takeshi）
早稲田大学理工学部数学科卒業
早稲田大学大学院理工学研究科数学専攻博士後期課程修了
博士（理学）（早稲田大学）
現職　上智大学理工学部情報理工学科　准教授

■著書
『データ分析入門』（共著）、慶應SFCデータ分析教育グループ編、慶應義塾大学出版会、1998（初版）
『日中辞典』（第2版）、小学館（数学用語担当、日本語と中国語の数学表現に関する囲み記事執筆）、2001
『中日辞典』（第2版）、小学館（数学用語担当）、2002
『フリーソフト「R」ではじめる 統計処理超入門（知識ゼロでもわかる統計学）』、技術評論社、2012

■活動
　あるときは北京大学大学院で数理統計学の集中講義をしていたかと思えば、またあるときは、意外なことがきっかけでラオスの中学校へ連れて行かれ、英語の授業をする羽目になったりしている。けれども、今度は何がきっかけで、どこで何の授業をすることになるのか、まったく予想がつかない。
　専門分野は数理統計学。普段は、勤務先の理工学部で確率統計や数理ファイナンス基礎の講義を受け持ち、文科系学部学生向けの科目と社会人が対象の上智大学公開講座では、ソフトウェアを活用した本書のような統計的データ解析の実習中心の講義を担当している。
　学外向けホームページ　http://pweb.sophia.ac.jp/tkskato/

知識ゼロでもわかる統計学
本当(ほんとう)に使(つか)えるようになる
多変量解析超入門(たへんりょうかいせきちょうにゅうもん)

2013年 5月15日　初 版　第1刷発行
2013年 8月10日　初 版　第2刷発行

著　者　加藤(かとう)　剛(たけし)
発行者　片岡　巌
発行所　株式会社技術評論社
　　　　東京都新宿区市谷左内町21-13
　　　　　　電話　03-3513-6150　販売促進部
　　　　　　　　　03-3267-2270　書籍編集部

印刷／製本　株式会社加藤文明社

定価はカバーに表示してあります。

本書の一部または全部を著作権法の定める範囲を超え、無断で複写、複製、転載、テープ化、ファイルに落とすことを禁じます。

©2013　Takeshi Kato

造本には細心の注意を払っておりますが、万一、乱丁（ページの乱れ）や落丁（ページの抜け）がございましたら、小社販売促進部までお送りください。送料小社負担にてお取り替えいたします。

●装丁　小島トシノブ（NONdesign）
●本文デザイン、DTP　株式会社 RUHIA
●イラスト　阪本純代（Studio Sue）

ISBN978-4-7741-5630-9 C0041

Printed in Japan